ここが一番おもしろい

理系の話

Knowing the World's Truths
Through Science

おもしろサイエンス学会［編］

青春出版社

「理系の話」ができる人になるコツ、教えます――はじめに

理系の話というのは、知っているつもりでいても、いざ「説明してください」と問われると、キチンと答えられないことが多いもの。本書では、そうした「身近なことなのにふつうの人が説明できない理系のネタ」を約２００項目、取り上げました。

・エアコンはどうやって部屋を冷やしているか？
・ドングリの表面が妙につるつるしているのは？
・天気が西から東に変わっていくのは？

というような身の回りの疑問から、ＡＩ（人工知能）やクルマの自動運転技術をめぐる最先端の話まで、理系のあらゆる分野から、面白くて、他人に話したくなる話を厳選しています。この一冊があれば、もう子どもにたずねられても大丈夫、雑談のネタにも困らないはずです。知ってるようで知らない、説明できそうでできない理系のおもしろ話をご堪能いただければ幸いに思います。

２０１８年３月

おもしろサイエンス学会

ここが一番おもしろい理系の話＊目次

プロローグ

こんな「理系の話」はいかがでしょう？……… 13

1 暮らし・日常

時間が経つとレシートの文字が消えるのはなぜ？……… 25

2　宇宙・地球・気象

COLUMN

3 モノ

旅客機が、あえてエアコンを搭載していない理由は何？……85

4 人体・健康

6 動物・植物

ホッキョクグマは南極でも暮らせるか？……181

カバー・本文写真提供◆shutterstock
Kotoffei/shutterstock.com
StockVector/shutterstock.com
gomolach/shutterstock.com
DTP◆フジマックオフィス

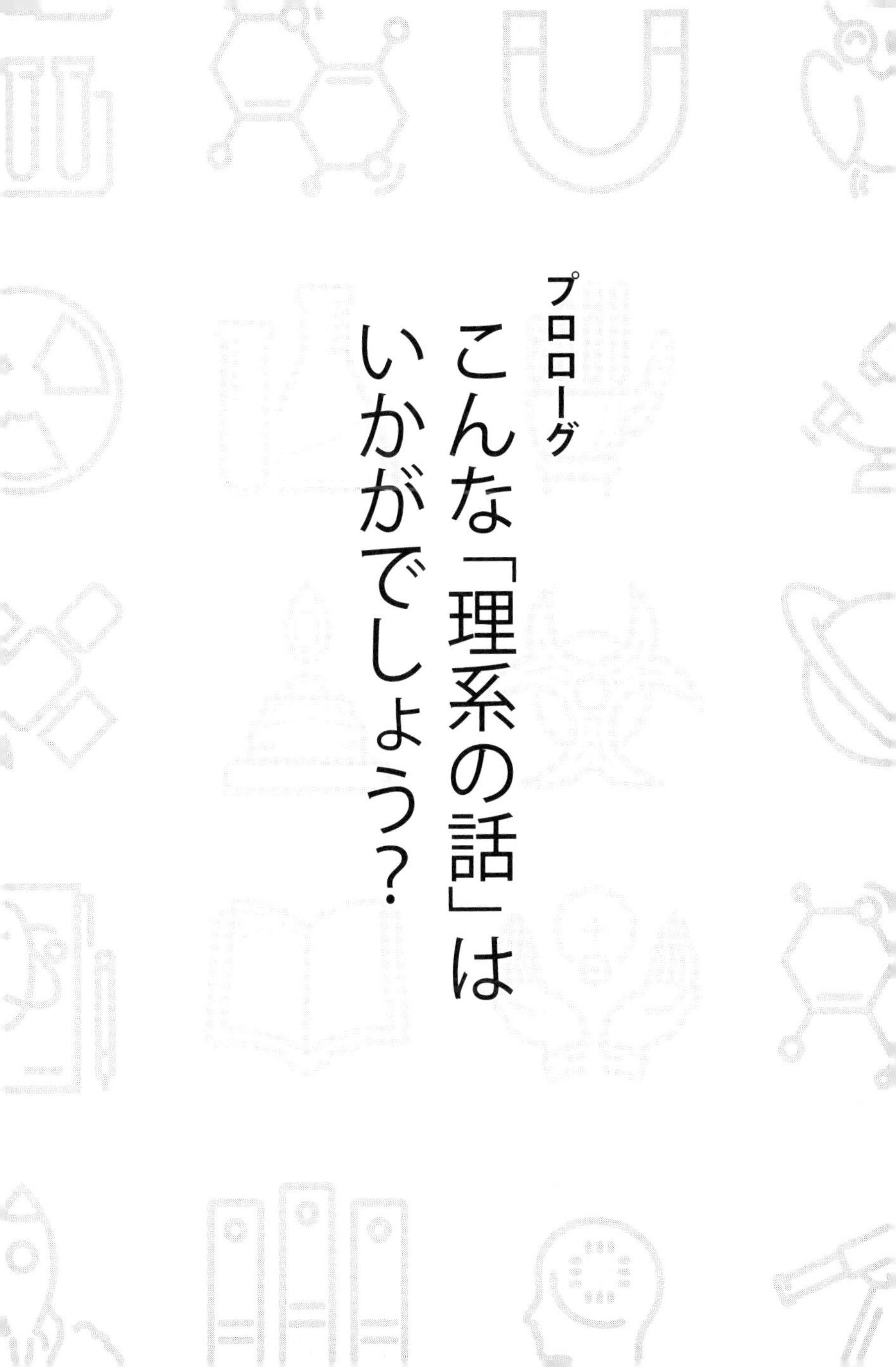

プロローグ

こんな「理系の話」はいかがでしょう?

自動運転技術をめぐるかなり〝むずかしい〟話

目下、世界の各メーカーが自動運転車の開発に力を注いでいる。自動運転化で主導権を握ったメーカーが、自動車産業の次の覇者になることは、ほぼ間違いない情勢だからである。

自動運転システムは、カメラ、レーダー、音波センサーなどを駆使して、周囲の運転環境を把握、それをデータ化して人工知能で計算、自動的に最適の運転をするシステムといえる。その初期段階といえる自動ブレーキと先行車に対する追従走行などは、すでに実用化が進んでいる。

実用化が進むにつれて、自動運転をめぐっては、ひとつの大きな倫理問題が浮上している。運転者と歩行者のいずれの命を守るかという問題だ。たとえば、そのまま進めば歩行者をはねてしまうが、急ハンドルを切れば障害物にぶつかり、運転手が命を落としかねない状況のとき、どう判断すればいいのか？　具体的には、どうプログラミングすればいいのか？――

そうした倫理問題も克服しなければ、自動運転を完全実用化することはできないというわけだ。

国際的な地質年代名「チバニアン」のひみつ

今、国際的な地質年代の名前に「千葉」が採用される可能性が高まっている。「チバニアン」（ラテン語で千葉時代という意味）と名づけられそうなのは、約77万～12万６０００年前の間。この年代の境目となる約77万年前は、地球の磁気の南北逆転現象が最後に起きた時期。千葉県の地層で、そのことがはっきり確認できるところから、現在、最有力の候補になっている。

ただし、地質年代には、古生代、中生代といった大区分の中に、１１５もの小区分があって、チバニアンが採用されそうなのは、そのひとつとして。具体的には、新生代・第四紀・更新世の一部の期間にあたる。これまで、地質年代名に日本の地名が採用されたことはないので、重要なことではあるが、世界的には、そう珍しいことではない。

日本人に115もある小区分を知っている人が少ないように、他の国でも専門家を除けば、小区分まで知る人は少ないので、これで「千葉」という地名が世界にとどろくというわけでもなさそうだ。

優性遺伝、劣性遺伝という言葉はどこに消えたか

2017年、日本遺伝学会は遺伝用語の一部を改めて、今後は「優性遺伝」「劣性遺伝」という言葉を使わないことにすると発表した。〝誤解〟を防ぐための措置だという。

「優性」と「劣性」は、メンデルなどの遺伝学の訳語として長く使われてきた言葉であり、この場合の「優性」は遺伝による特徴が現れやすいことで、「劣性」は現れにくいことを意味する。その特徴が優れていたり、劣っていたりするという意味ではないのだが、誤解されることもあった。そこで、今後は、優性は「顕性」、劣性は「潜性」と言い換えることにした

「人体の細胞数は約60兆個」ではなかったって本当？

そうだ。

これまで、「人体の細胞数は約60兆個」というのが、研究者の間でも一般人にとっても常識だった。しかし、この数字は、古い医学常識にもとづく推計値。それが、誰にも再検証されることなく、長年一人歩きしていた数字だった。

近年、この〝常識〟に疑いをもったイタリアのボローニャ大学の研究者が、最新のデータをもとにして再計算すると、細胞の総数は約37兆2000億個であることがわかった。

しかも、その細胞のうち、3分の2を占めていたのは、特殊な細胞である赤血球で、その数は26兆3000億個。体を形づくっている他の細胞は、すべて合わせても11兆個余りしかないことがわかった。

いわゆる「3秒ルール」の科学的検証

食べ物を床に落としたとき、「3秒以内なら、拾って食べてもOK」という俗説がある。いわゆる「3秒ルール」である。

このルールに関しては、外国でも同様のことがいわれ、アメリカなどで、さまざまな実験が行われてきた。まず2003年、アメリカの女子高校生がこの〝問題〟に取り組み、5秒以内でも菌が付着することを証明、翌年のイグノーベル賞を受けている。近年では、2016年、アメリカの大学の研究チームが、2500回もの実験を行い、床面との接触時間が長いほど、菌のつく数が増えるという結果を報告している。

食品や床面の種類によっても菌の付き方は違うので、何秒なら安全とは一概にいえないにしても、このアメリカの実験で、床に落ちた時間が短いほど、安全であることは証明されたといっていいだろう。

いまや「ＡＩ」は人工知能に限らない!?

最近話題の人工知能は、「ＡＩ」とも呼ばれる。

これは、Artificial Intelligence の略で、Artificial は「人工の」という意味。Intelligence は、知性や知能を意味する。「エーアイ」と発音するので、「アイ」と読んだりしないように。

なお、〝理科系〟の間では、人工知能以外にも、「エーアイ」と略される専門用語が数多くある。

たとえば、エイビアン・インフルエンザ（Avian influenza）は鳥インフルエンザのことで、エア・インターセプター（Air interceptor）は空中迎撃機のこと。だから、医師や軍事専門家が「エーアイ」といったときには、人工知能とは違うものを指していることもあるというわけ。

人気のダイオウグソクムシはホントに〝絶食〟する？

最近、水族館で人気を集めているダイオウグソクムシ。メキシコ湾やインド洋の深海にすむダンゴムシの仲間だ。ただし、陸上のダンゴムシよりはるかに大きく、体長は最大で50センチにもなる。

ダイオウグソクムシは、深海では他の生物の死骸などを食べているとみられるが、〝少食〟であることでも有名で、半年くらいの絶食は当たり前。鳥羽水族館で２００７年から飼育されていた個体にいたっては、２００９年１月から２０１４年２月に死ぬまでの間、何も食べなかったことが観察されている。

５年も絶食して、なぜ生きていけるのか――その謎は解明されていない。しかも、その体重を計ったところ、絶食期間中には体重が増えていた時期もあったという驚きの結果が出ているのだ。

宇宙船が飛行機型からカプセル型に戻ったワケ

宇宙開発草創期からアポロ計画の時代は、カプセル型の宇宙船が使われ、その後は飛行機型のスペースシャトルが、乗員を宇宙へ運んでいた。そして現在は、飛行機型ではなく、草創期に逆戻りしてカプセル型の宇宙船が使われている。

これは、安全性がまったく違うことが経験的にわかったためである。スペースシャトルは、使い捨てのカプセル型と違って、何度でも使えることが長所だったが、結果的にひじょうに危険な乗り物だった。チャレンジャー号とコロンビア号が空中爆発し、計14人が命を落とすなど、最後まで安全性の問題を克服できなかった。

一方、カプセル型の代表格であるロシアのソユーズは、1971年に3人が亡くなる事故を起こして以来、ほぼ半世紀間、事故を起こしていない。現在も、国際宇宙ステーションへの移動には、ソユーズが使われている。

生体認証型のスマホが爆発的に増えている理由

10年ほど前まで、「生体認証」はなかばSFの世界の話だった。指紋や虹彩（こうさい）のしわなどで個人識別する技術は、厳重に管理された特殊な場所では用いられていたものの、コストが高すぎたため、一般人には映画で観るくらいの存在だったのだ。

ところが、ここ数年で、指紋センサー付きのスマホが爆発的に普及した。2013年にはまだ、指紋センサー付きのスマホは、世界全体のスマホ出荷台数のわずか3％にすぎなかったが、4年後の2017年には約半数のスマホが指紋センサー付きになったのだ。

これは、大量生産することによって、指紋センサーのコストが爆発的に下がったから。スマホは、SF的な技術をまたひとつ、一般人にとっても現実のものにしたといえそうだ。

自動機械翻訳で、いちばん翻訳しやすい外国語は？

ＡＩ化が進んで、自動機械翻訳の精度が上がってきている。とりわけ、日本語の場合は、英語や中国語に翻訳するよりも、韓国語へ翻訳するほうが、正確に訳せるうえ、文章の質も高くなる。むろん、韓国語から日本語に翻訳するときも同様だ。

その理由は、要するに、日本語と韓国語がよく似ているから。日本語と英語や中国語では文法が違うため、語順が異なる。ところが、日本語と韓国語は、文法が似ているため、語順がほとんど変わらない。

また、単語にも似た言葉が多い。その分、日本人にとって、韓国語は比較的習得しやすい外国語だが、同様のことはコンピューターにもいえるのだ。

ほかの言葉同士でも、同様のことがいえ、たとえばスペイン語とポルトガル語とイタリア語では、互いに翻訳の精度がひじょうに高くなる。

「館林は本当はそんなに暑くない」って本当？

暑いことで有名な群馬県の館林市。近頃は「暑いぞ！　熊谷」で有名なお隣の埼玉県熊谷市の気温を上回ることも珍しくない。

しかし、その館林市の暑さをめぐっては、「本当にそんなに暑いのか？」という疑問の声があがっている。というのは、館林市内のアメダスは、館林消防署の駐車場に設置されているからだ。その地面は、芝生ではなくシートで、周囲は熱をためこみやすいアスファルトの舗装道路に囲まれている。そうした環境では、気温が高く出るのも当然だというのだ。そのため、ネット上では館林は〝ズル林〟とも呼ばれている。

一方、熊谷市の観測ポイントは、広々とした芝生の中にある。緑の中にあれば、気温は多少は低くなり、その数字が熊谷市の気温として発表されている。むろん、それでも熊谷市が暑いことに変わりはないが……。

1　暮らし・日常

時間が経つとレシートの文字が消えるのはなぜ？

砂糖で熱いコーヒーが冷めてしまうのは？

コーヒーに砂糖を入れると、温度が下がってしまうもの。これは、砂糖を溶かすために「融解熱（ゆうかいねつ）」が必要となり、その分の熱が奪われるためだ。

さらに、砂糖を溶かすため、スプーンでかき混ぜると、カップの中で対流現象が起きて、これも温度が下がる原因になる。むろん、かきまわす回数が多いほど、コーヒーは冷めやすくなる。

さらに、その際、金属製のスプーンを使うと、金属は熱伝導率が高いため、コーヒーはさらに熱を奪われやすくなることになる。ぬるいコーヒーが苦手な人は、ブラックで飲むか、せめて陶器製のスプーンを使うことをおすすめしたい。

冷蔵庫の野菜室は、ほかの場所とどう違うのか？

冷蔵庫内の空気は、カラカラに乾いている。乾燥状態に弱い野菜は、そんな乾燥した冷気を浴びると、ひとたまりもない。野菜は、含まれている水分の5％を失うだけで、しなびてしまうのだ。

そこで、冷蔵庫メーカーは野菜専用室を設けて、冷やしながらも高湿度状態に保つ工夫を重ねてきた。最も古い方法は間接冷却で、野菜室をケースカバーで覆い、プラスチック容器の中のような状態にして、野菜に直接、乾燥した冷気が当たらないようにする仕組みだ。

一方、近年主流になっているのは、複数冷却法。庫内を冷やす一方、霜を溶かしてつくった水蒸気を野菜室の冷気に混ぜるという方法だ。

こうして、いまどきの冷蔵庫は、冷やしながらも野菜室内の湿度を70％以上に保つという二律背反の現象を実現している。

あずきバーはなぜあんなにかたい？

夏になると、いろいろなアイスバーが出回るが、あずきバーは、なぜあれほどまでにかたいのだろうか？

その科学的な理由は、あずきバーが空気をほとんど含んでいないことによる。アイスクリームは通常、冷蔵庫で固めたものをミキサーなどで撹拌（かくはん）してから、再び冷凍庫で冷やしかためる。そうして空気を含ませることで、口どけのよいアイスクリームができあがるのだ。

ところが、あずきバーは、空気をほとんど含んでいない。つまり、あずきバーは、アイスクリームというよりも、ゆであずきを冷凍させたものといえ、普通のアイスバーとは別物といってもいいいかたい食べ物に仕上がるわけだ。

厚いグラスほど、熱湯で割れやすくなるのはなぜ？

グラスに熱湯を注ぐと、割れてしまうことがあるが、じつは厚いグラスのほうが、薄いグラスよりも割れやすい。厚いグラスほど、熱に弱いのだ。

もともと、ガラスは熱伝導率が悪いのに、熱によって膨張しやすいという物質。そのため、熱に直接触れた部分は大きく膨張するのだが、熱に触れていない部分までは熱が伝わらず、膨張しない。すると、一部は膨張し、他の部分は膨張していないという歪みが生まれ、ヒビがはいったり、割れたりしてしまうのだ。

また、薄いグラスは、熱湯を内側に注ぐと、薄い分、その熱が比較的外側にまで伝わりやすい。一方、厚いグラスは、熱湯を注いで内側が熱くなっても、外側まで熱が伝わりにくい。その分、内外の膨張率の差が大きくなり、割れてしまうということになりやすいのだ。

どうしてコンタクトレンズはくもらない？

眼鏡は湯気ですぐにくもってしまうが、コンタクトレンズは風呂の中でもくもらない。なぜだろうか？

眼鏡のくもりの原因は、温度差による結露。風呂やラーメンの湯気など、空気とは温度差があるものに触れると、レンズの表面に結露が生じ、くもってしまうのだ。

一方、コンタクトレンズは、目の角膜に直接ふれているため、体温によってたえず温められ、寒い日でも冷たくなることはない。また、ラーメンの湯気などがコンタクトレンズにふれても、コンタクトレンズ自体、すでに涙で濡れているので、その点でも問題は生じない。

もし、コンタクトレンズにわずかな結露が生じても、涙ですぐに洗い流されるので、人間が「くもった」と感じるほどに、くもることはないのだ。

時間が経つとレシートの文字が消えるのはなぜ？

レシートの文字は、時間がたつと消えていることがある。その原因は、使っている紙の性質にある。

レジでは感熱紙が使われていることが多いが、感熱紙は表面にごく薄い色素を含んでいる。その色素が熱を加えられると黒く変化して、数字などの文字が現れるのだ。

レジで感熱紙式が多用されているのは、インク代がかからないため、普通紙よりも安上がりに印刷できるから。ところが、コストが安い反面、感熱紙は、光、熱、湿度や油分に弱い。

太陽光のあたる場所に放置したりすると、すぐに文字が薄れてしまう。そこで、近年は、普通紙を使ったレシートも増えている。

丸い氷が四角い氷よりも溶けにくいのは？

ショットバーで、ウイスキーの水割りを頼むと、グラスに〝丸い氷〟が入っていることがある。それには、見た目もさることながら、氷をより長持ちさせるという実用的な目的がある。

丸い氷は、四角い氷よりも、溶けるスピードが遅いのだ。球体は、同じ体積の立方体よりも、表面積が小さい。表面積が小さければ、その分、空気や水と接触する面積が狭くなって、溶ける量が減り、長持ちすることになるのだ。

活性炭はどうやって臭いを消す？

活性炭の原料は、木材や石炭、ヤシの実のカラなど。それらを蒸し焼きにすると、活性炭ができあがる。

活性炭が消臭材になるのは、その表面に無数の穴が空いているから。臭いの粒子がその穴に入り込んで、吸着することによって、臭いが消えるのだ。

そもそも、臭うのは、悪臭のもととなる微粒子が空気中を浮遊、人間の鼻の穴に入り込んで、感覚を刺激するから。活性炭は、無数の穴によって、空気中の微粒子の数を減らし、臭いをおさえるというわけだ。

家庭用浄水器が水をきれいにする仕組みは？

多くの浄水器は、まず水道水を活性炭にくぐらせ、そのあと中空糸膜で濾過するという2段階で、水を浄化している。

前にも述べたように、活性炭の表面には無数の穴が空いていて、臭いの粒子を穴の中に閉じ込める。その穴の力で、水を濾過することもできるのだ。

一方、中空糸膜は、片方が閉じたマカロニ状の膜のこと。膜の外側にはやはり無数の穴が空いていて、その膜が重なってスポンジ状になっている。その中空糸膜が吸着することによって、細菌や水道管の鉄錆や濁りなどの不純物質が除去されるのだ。

普通の鍋の蓋に重しを置けば、圧力鍋になるか？

圧力鍋は、水蒸気などが外に逃げないように密閉した鍋。普通の鍋よりも、短時間で調理できるのが特長だ。では、普通の鍋にふたをし、その上に重しを置いて加熱すると、どうなるだろうか？

その程度のことでは、圧力鍋のような効果は得られない。圧力鍋は完全密閉構造になっていて、その状態で加熱すると、水蒸気が外に逃げないので鍋内の気圧が高くなる。水の沸点は気圧に比例して高くなるため、圧力鍋の中の水は１００度になっても沸騰しない。沸点は上昇し、２気圧の状態なら１２０度くらいにまで上がる。

普通の鍋で得られない高温状態を持続できるから、圧力鍋を使うと調理時間を短縮できるのだ。

普通の鍋にふたをしたくらいでは、水蒸気は隙間からどんどん逃げていく。圧力鍋のような高圧・高温状態を維持することはできない。

電子レンジが食品を温めることができるのは？

電子レンジは、オンにしても、熱を発することはない。それなのに、なぜ食品を温められるのだろうか？

それは、マイクロ波の力によるもの。マイクロ波は、極超短波の電磁波であり、水分子を振動させる作用をもつ。食品は、電子レンジの高周波発振装置からマイクロ波を照射されると、内部の水分子が振動して、摩擦熱が発生する。その摩擦熱によって食品は温まるのだ。

エアコンの除湿機能や除湿機の仕組みは？

エアコンの除湿機能や除湿機は、どのようにして湿気を取り除いているのだろうか？

まず、エアコンの除湿機能は、空気を冷やすことによって、水分を集めている。空気がたくわえられる水分量は、気温が下がると少なくなり、あふれた水蒸気は水へと変化する。その性質を利用したのが、エアコンの「ドライ」機能で、空気を冷やして湿気を水滴化したうえで外に排出している。

一方、除湿機には「再熱除湿」方式が用いられているものが多い。温度を下げて水分を追い出す原理はエアコンと同じだが、冷えた空気をそのまま排出するのではなく、ヒーターで再び温め直してから部屋に戻すのだ。そうすると、部屋の温度を下げることなく、除湿できるため、寒い時期に使うのに適している。

エアコンは、どうやって部屋の空気を冷やしている？

エアコンが空気を冷やす仕組みには、液体が気化するときに、周囲の熱を奪う気化熱の原理が使われている。エアコンは、まず気体状の冷媒をコンプレッサーで圧縮し、いったん圧力と温度を上昇させる。その冷媒を室外の熱交換機に送って液化する。次に、液化した冷媒を室内の熱交換機に送りこむと、気化しながら、周囲の熱を奪っていく。こうして冷やされた空気が風として送られ、室内を冷やすのだ。

気化した冷媒は、再びコンプレッサーで圧縮され、以後、同じ動きを繰り返す。要は、冷媒が室外機と室内機の間で、液体になったり気体になったり循環して、冷気をつくり出しているというわけだ。

撥水スプレーを使うと、革が水滴をはじくのは？

雨の日、革靴に撥水スプレーを吹きかけておくと、革に水がしみ込まなくなる。

当然ながら、撥水スプレーには、水をはじく成分が含まれている。その成分の多くは、フッ素樹脂をはじめとするフッ素化合物か、シリコン化合物だ。

スプレーを吹きかけると、それらの微粒子が革などの表面を覆う。フッ素化合物などは、水と混ざりにくい性質「疎水性（そすいせい）」が高く、水滴を弾きとばす。水は、革などの内部に浸透することなく、周辺に流れ落ちてしまうのだ。

使い捨てカイロをもむと、なぜ発熱する？

使い捨てカイロは、手でもむと発熱するが、その仕組みはひじょうに簡単だ。

カイロの中には鉄粉が入っていて、その鉄粉は空気にふれて酸化すると、水酸化第2鉄になる。その化学反応が起きるとき、熱が生じて、カイロは温かくなるのだ。

ただ、鉄を酸化させるといっても、普通はすぐには酸化せず、熱を発しない。そこで、酸化現象を速めるため、使い捨てカイロの中には触媒が入っている。そのひとつは食塩水を含む保水剤で、食塩水が酸化を速める一方、保水剤が水分を吸収していく。また、酸素をたっぷりためこんだ活性炭も入っている。酸素が多量にあれば、その分、酸化速度が速くなるからだ。

芳香剤入り消臭剤が〝芳香〟まで消臭しないのは？

芳香剤入りの消臭剤は、芳香を発しながら、悪臭を消すことができる。なぜ、そうした二律背反のことが可能で、芳香まで消してしまわないのだろうか？

その理由は、芳香剤として使われているリモネンやテルペン類にある。リモネンはオレンジの皮などに由来する精油、テルペン類は植物の香気成分の精油で、ともに消臭剤によって香りを失うことはないのだ。

そもそも、消臭剤には2つのタイプがあり、ひとつは活性炭を利用するもの。活性炭には小さな穴がたくさん開いていて、悪臭の原因となる硫黄化合物の分子などを穴の中に閉じ込める。ところが、リモネンやテルペン類は活性炭に吸着されにくいので、芳香が保たれるのだ。

消臭剤のもうひとつのタイプは、悪臭の原因になる物質と化学反応を起こす物質を使うもの。リモネンやテルペン類は、そうした物質とも反応しにくいため、香りを放ちつづけることができるというわけ。

2 宇宙・地球・気象

ダイヤモンドだらけの惑星が発見されたって本当？

宇宙空間では、接着剤なしで金属がくっつくのは？

宇宙空間では、金属同士が接着剤なしでくっつくことがある。それは、氷と氷がくっついてしまう現象とよく似ている。

低温になると、物質の表面は、分子を交換しやすい状態になり、その状態で接触すると、分子と分子が結びついて、くっつきやすくなるのだ。この現象は「低温溶接（ていおんようせつ）」と呼ばれる。氷と氷がくっつきあったり、ドライアイスが手に吸いつくようにくっつくのも、同じ原理からである。

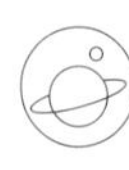

ダイヤモンドだらけの惑星が発見されたって本当？

近年、ＮＡＳＡのスピッツァー宇宙望遠鏡によって観測された「かに座55番星ｅ」は、「ダイヤモンド・プラネット」の異名をもつ。つまりは、ダイヤモンドだらけの惑星なのだ。

直径は地球の約2倍、質量は約8倍の星で、3分の1以上は炭素でできていて、地殻の内部にはダイヤモンドが層をなしているという。念のためだが、ダイヤモンドは炭素の特殊な結晶である。

ただし、その採取はほぼ不可能といっていい。地球から40光年も離れていることもさることながら、地表の温度が摂氏2000度以上もあるという、星全体が溶鉱炉の中のような星なのだ。

太陽の黒点が黒く見えるのは？

太陽表面には「黒点」と呼ばれる場所がある。黒点部分も光を放っているのだが、周囲よりは光が弱いため、地球からは黒く見えるので、こう呼ばれている。

黒点が発生する原因は、太陽の磁場と関係しているとみられる。太陽内部では、表面に近いところでガスが対流しており、その対流によって磁力線が生じる。その磁力線の一部が太陽表面に現れたものが黒点と考えられている。

黒点部分の温度が比較的低く、発する光が弱いのは、磁場によってガスの対流が妨げられるからではないかとみられている。

低温の宇宙空間に接している地球が暖かいのは？

宇宙空間は、絶対零度に近いマイナス270度の世界である。ところが、地球は極寒(ごっかん)の宇宙空間と接しているのに、一定の温度を保っている。なぜだろうか？

地球が暖かいのは、周囲を大気に包まれているからである。

地球は、太陽光線によって暖められている一方、宇宙空間へ熱を発散している。その際、地球の大気は、太陽からの入射光は通過させるが、地球から放射される赤外線は反射する。そのため、すべての熱が宇宙空間に逃げるわけではなくなり、地球は適温を保つことができる。これが、いわゆる大気の「温室効果」だ。

月にも地震はあるのか？

月でも地震は起きている。月での地震は「月震」と呼ばれ、年間3000回は月震が起きているとみられる。

月震は、その原因によって熱月震、深発月震、浅発月震に分けられる。まず、熱月震は、昼夜の大きな温度変化によって、岩盤が割れる現象ではないかとみられている。

深発月震は、月面下４００～１１００キロの深いところで起きる小規模な地震で、月内部に働きかける地球の引力が影響しているとみられる。

浅発月震は、月の地殻内の温度が変化して、岩盤が膨張と収縮を繰り返すことによって発生するとみられている。

月震の特徴は、地球上の地震よりも継続時間が長いこと。場合によっては、数時間も揺れが続くことがある。

ロウソクは無重力状態で燃えるか？

ロウソクは、無重力状態でも燃える。ただし、ＮＡＳＡの実験によると、普通の燃え方ではなく、炎の形は、ロウソクの芯を中心にして半球状になったという。また、炎の色は赤ではなく、青白く燃え上がった。

重力のある状態では、ロウソクの炎は、縦長の形にオレンジ色に燃え上がる。それは、地上では上昇気流が発生し、酸素が炎の下から供給されるからである。

しかし、無重力状態では上昇気流が起こらないため、炎は半球状になる。また、気流が起こらない分、酸素供給のスピードが遅くなり、炎の温度は低下する。そのため、炎の色は青白くなるのだ。

無重力状態で、木はどう伸びる？

では、無重力状態で植物を育てると、どの方向に伸びていくのだろうか？

これも、NASAがスペースシャトル内で行った実験によると、レンズマメの根の伸びる方向は〝迷走状態〟になった。根は、無重力状態では進むべき方向を見失ってしまうのである。その後、重力のかわりに遠心力をかけると、根はその方向に伸びていくことがわかった。

植物は、根の根冠(こんかん)などにある平衡細胞(へいこうさいぼう)によって、重力を感じとっている。同細胞内の平衡石が沈むことで、植物は重力方向を感知するのだ。無重力状態では、平衡細胞が機能せず、根は伸びる方向を見失うことになる。

月はどのように誕生したのか?

月が誕生した理由をめぐっては、現在のところは「ジャイアント・インパクト(巨大衝突)」説が最有力とされている。

同説によると、原始地球の時代、火星程度の大きさの天体が地球に衝突した。両者は大爆発を起こし、周辺に大量のマントル物質が飛び散った。それらがやがて互いに引き合って集まり、塊となったのが、月と考えられている。

月の石の放射性年代測定によると、月は地球と同じ約46億年前に誕生し、35億年前までは微惑星の衝突が繰り返されていたことがわかっている。

ガスでできている星がまとまっていられるのは?

太陽をはじめ、恒星の表面温度は数千度以上もあり、物質はすべて気体状態になっている。ところが、気体とはいえ、周囲へ飛び散ってしまうことはない。太陽を含めて、恒星の気体は丸くまとまり、燃え続けている。

恒星を形成するガスが宇宙空間に広がらないのは、気体が高い圧力によって押し固められた状態になっているから。たとえば、太陽の中心気圧は、じつに２５００億気圧もあるのだ。

それには、恒星の質量が桁はずれに大きいことが関係している。質量が大きいほど重力が大きくなり、恒星の構成物質であるガスは、強大な重力によって押し固められたような状態になっているのだ。

宇宙空間では、星がまたたいて見えないのは？

宇宙空間では、星を眺めても、地上から見るように、またたいては見えない。なぜだろうか？

地球から星を見るときは、大気を通して、星の光を目にしている。そのとき、大気の揺らぎによって、星の光の屈折率が変化するため、星の光は強く見えたり、弱く見えたりする。つまり、またたいて見えるのである。とりわけ、真冬は、上空に強風が吹いているので、星の光が大きく揺らいで見えることになる。

一方、宇宙空間には大気がないため、光の屈折率が変化することはない。星は、またたくことなく、安定した光を放ち続けることになる。

太陽は最期にはどうなる？

最近の研究では、太陽は、約63億年後に〝瀕死〟の状態になるという。太陽は燃料となる水素も使い尽くし、周辺で水素の核融合が始まる。すると、太陽の外側は核融合反応によって現在の170倍にも膨張し、赤色巨星となる。そのとき、水星と金星は、太陽に呑み込まれて消滅する。

76億年後、太陽の中心核の温度は3億度まで上昇し、ヘリウムの燃焼が始まる。その期間が1億年程度続いたあと、中心核がヘリウムの燃えカスでいっぱいになると、水素とヘリウムの燃焼は周辺へ移動する。太陽は再び膨張し、最終的には現在の200倍にまでなる。

その後、赤色巨星から、明るさが変動する「脈動変光星」に変化。やがて白色矮星となり、数十億年かけてゆっくりと冷えていく——と予測されている。

月の重力が6分の1なら6倍ジャンプできるか？

月面上の重力は、地球上の6分の1しかない。ということは、宇宙飛行士が月面でジャンプすれば、理論的には、地球上の6倍の高さまで跳びあがることができる。

しかし、これはあくまで単純な理論上の話であって、現実には難しい。まず、月面に降り立つには、宇宙服を着用する必要がある。宇宙服の重さは10キロ以上もあるうえ、身軽に運動できるようにはできていない。したがって、地球上で50センチの垂直跳びができる人が、月面で理論どおりに3メートルも跳びあがるのは不可能な話だ。

冥王星が惑星ではなくなったのは？

冥王星は1930年の発見以来、太陽の9番目の惑星とされてきた。ところが、20

06年の国際天文学連合の会議で、惑星から除外され、「準惑星」へと格下げされた。近年の観測や研究によって、冥王星は大きさなどが惑星の条件を満たしていないと判断されたのだ。

冥王星の直径は約2300キロだが、これは地球の約5分の1で、月の約3500キロよりも小さい。2003年には、準惑星の「エリス」よりも、直径が小さいことが判明していた。

そこで、国際天文学連合は惑星の定義を修正し、「その天体が、公転軌道上の近傍領域において圧倒的に大きい」という条件を満たすものと定義し直した。その結果、冥王星は、「圧倒的に大きい」という条件を満たせなくなり、惑星からはずされたのである。

銀河の名につく「M」や「NGC」って、何の略？

ウルトラマンの故郷は、「M78」星雲とされる。この星雲は実在し、「NGC2068」という記号でも表される。また、「アンドロメダ銀河」は、「M31」または「NGC224」という記号名で知られる。このように、銀河や星雲の名には、「M」や「NG

C」というアルファベットがつくが、これらは天文学者の名にちなんだ記号だ。

まず「M」は、18世紀のフランスの天文学者シャルル・メシエの頭文字。彼は、銀河や星雲の特徴と位置を整理し、1771年、『メシエ天体カタログ』を完成させた。

一方、「NGC」は、アイルランドの天文学者ヨハン・ルイス・エミル・ドライヤーがまとめたカタログ『New General Catalogue』の頭文字だ。

現在の天文学の世界では、原則的には「NGC」を使って表し、「M」を併記することが多い。

静止衛星が止まっているように見えるのは？

人工衛星には「静止衛星」と呼ばれるタイプがある。地球上から見ると、いつも同じ位置にあって静止しているように見える衛星だ。しかし、実際には、赤道上空の円軌道を公転している。

人工衛星が赤道上空の軌道に乗ったとき、水平方向に秒速約3・1キロ（時速1万1160キロ）の速さで飛ぶようにすると、遠心力と重力がちょうどつり合い、エンジンを使わなくても、約24時間周期で公転するようになる。地球の自転と同じ周期で公転することから、地上からは空の1点に静止しているように見えるのだ。

ただし、太陽や月の引力の影響もあって、静止衛星の位置は少しずつズレていく。そのため、定期的に軌道修正されている。

V字谷や扇状地は、どうやってできる？

河川は、地形に対して3つの作用をおよぼす。地面を削る「浸食作用」、土や砂を運ぶ「運搬作用」、そして運搬した土砂を積もらせる「堆積作用」である。

そのうち、浸食作用でできた代表的な地形に、富山県の黒部峡谷がある。激しい流れが両岸を削り取り、断崖絶壁の谷を作り上げた。そうしてできた険しい谷は「V」字に見えることから「V字谷」と呼ばれる。

一方、川の運搬、堆積作用でできた地形に扇状地や三角州がある。そのうち、扇状地は、川が山あいから急に平地に出たため、流速が遅くなり、運んできた土砂が積もり扇形の地形ができた場所。山がちな日本では、山を抜けた先の平野によく見られる。

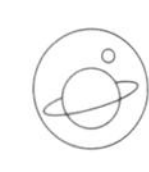

雲が水滴の集まりなのに、宙に浮かんでいられるのは？

雲は、水滴の集まりである。すると、地球の引力にひっぱられて、すぐに地上に落ちてきそうだが、なぜ雲はぽっかりと宙に浮かんでいられるのだろうか？

答えは、水滴とはいえ、微小な水玉だからである。雲と雨では、粒のサイズが違い、一般的な雨粒の直径は約1ミリ。これに対して、雲の粒は0・01ミリ程度。水滴は小さくなるほど、相対的な空気抵抗が大きくなり、落下速度が遅くなる。水滴が小さければ小さいほど、宙を漂いやすいというわけである。

さらに、雲の中では上昇気流が発生し、雲粒を押し上げているので、地上から見ると、雲は宙に浮いているようにみえるというわけだ。

ダイヤモンドは、どうやってできた？

ダイヤモンドの産出国は一部の国に限られているが、それはダイヤモンドがキンバリー岩を産出する場所にしか存在しないからである。

キンバリー岩は、カンラン石と雲母を主成分とする火成岩。カリウムやアルミニウムを豊富に含んだマグマが、マントルから時速数十キロという猛スピードで上昇、地殻を通過する際、一気に冷やされることでできたと考えられている。そのキンバリー岩層の一部から、ダイヤモンドがとれるのである。

キンバリー岩は、先カンブリア時代の世界的な造山運動によってできたものなので、ダイヤモンドを産出するのは、きわめて古い地層が安定的に保たれてきた場所に限られる。

地熱発電所の仕組みは？

地熱発電所は、どんな仕組みで、地熱から電気を生み出しているのだろうか？

その仕組みは単純で、まずマグマ層に達するまで穴を掘り、パイプで水蒸気を取り出す。その水蒸気を羽のついた発電機に送り、羽を回転させることによって、電気を起こすという仕組みだ。

その後、地下から取り出された蒸気は、電気を起こしたあと、冷却塔で水にされ、地下に戻される。そして、地下に戻された水は、再び地熱であたためられて、水蒸気として取り出され、地熱発電に利用されることになる。というわけで、地熱は半永久的に持続可能な発電源なのだ。

地下水はなぜきれいでおいしいのか？

地下水は、地下の砂礫層の中をゆっくり移動しながら、地中にたまった水のこと。地下水は、砂礫層を移動するうちに濾過されているので、ゴミや有害物質がとりのぞかれ、水質がいいことが多い。

調査によると、地下水を水源とする水道水は、河川水を水源とする水道水よりも、有害物質や汚染物質の含有量がひじょうに少ないことがわかっている。

また、地下で濾過される過程で、ミネラル分が水に加わるので、味もよくなる。ミネラル分をまったく含んでいない蒸留水は、飲んでも味もそっけもないもの。水は、若干のミネラル分を含んでいるほうが、味がよくなるのだ。

海水の塩分は、どこからやってきた？

海水の塩分濃度は約３％で、この濃度は30億年前からほとんど変わっていない。地球が誕生したのは約46億年前のことだが、当時はまだ海がなかった。熱い地表からは、水蒸気や火山ガスがたえず噴出し、火山ガスには塩素が含まれていた。やがて、地球が冷えはじめると、水蒸気が雨となって降り、しだいに塩素を含む水が地表にたまりはじめた。それが、海の原形である。

その一方で、海の原形は、岩石からナトリウムを少しずつ溶かしてきた。こうして、水の中には塩素とナトリウムがたまり、それが結合して塩となって、塩辛い海が誕生したのである。

海は、なぜ青くみえる？

水自体は透明なのに、なぜ水の集合体である海は青く見えるのだろうか？

それは、太陽光の性質が関係している。太陽光のうち、赤の波長がもっとも長く、以下は順に橙（だいだい）、黄、緑、青、藍、紫となっている。そして、光には、波長が長いほど、大気や水に吸収されやすく、波長が短いほど、空気や水の粒子に当たって散乱しやすいという性質がある。

そのため、太陽光は、波長の長い赤や橙、黄から順に吸収され、残った青や藍色の光線が散乱して人の目に届き、海は青っぽく見えるというわけである。

また、水深が深くなると、青すら吸収されてしまい、海の色は藍色に近づいていく。

高潮はどうやって起きるのか？

「高潮」は、台風や低気圧によって、海水面が上昇する現象。おもに、次の3つの要因が重なり合って発生する。

ひとつは、台風の起こす強風。海から陸に向かって強風が吹くと、海水が岸の付近に吹き集められ、海面が上昇する。これは「吹き寄せ効果」と呼ばれる。

2つめは、気圧の低下によって海面が吸い上げられる現象。おおむね、気圧が1ヘクトパスカル（hPa）低下すると、海面は約1センチ上昇する。

3つめは、潮の干満。海面は一日に2回、満潮と干潮を繰り返しているが、満潮時に高潮が重なると、海面はさらに高くなるのだ。

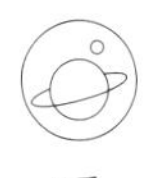

そもそも、雨はどうして降るのか？

前述したように、空中に浮かぶ雲粒は、ひじょうに小さく、平均で直径0・01ミリほど。小さくて軽いから空中に浮かんでいるのだが、やがて雲粒同士が衝突したり、さらに水蒸気がくっついたりして、雲粒はしだいに大きく、重くなっていく。

それでも、雲粒に働く重力と、上昇気流による力が釣り合っていれば、雲粒は大気中に浮かんだままで雨にはならない。

しかし、重力や下降気流の力のほうが大きくなると、雲粒は落下しはじめ、雨や雪となって地表に落ちてくることになる。

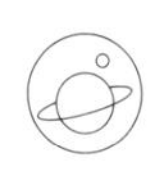

「大気が不安定」って、どんな状態？

夏場の天気予報では、「大気が不安定な状態」という言葉をよく耳にするもの。大気が不安定な状態とは、具体的には、湿った暖かい空気が上昇気流となり、雷雲である積乱雲ができやすい状態を意味する。

地表近くの湿った空気は、太陽光で暖められると軽くなって上昇し、上空で冷やされて雲を形成する。

ところが、上空に寒気が流れこんでくると、上昇気流の温度が下がっても、周りの寒気よりは暖かいため、上昇気流は上昇を続け、さらに高いところまで達して、背の高い雲を形成することになる。

そうした上昇気流は、途中で寒気と混じり合い、激しい対流を繰り返しながら上昇していく。

その結果、水滴や氷の粒は大きくなり、雲粒の大きな雲ができやすくなる。それが積乱雲であり、やがて雷を伴う激しい雨をもたらすことになる。

雨が降り出しそうなとき、雲が濃い灰色になるのは?

黒雲が広がると、やがては雨が降りはじめるもの。なぜ、雨が降りだす前、雲の色は白から濃い灰色に変わっていくのだろうか?

それは、雲は水滴が大きくなるほど、太陽の光をよく吸収するようになるからである。晴れた空に浮かんでいる雲が白く見えるのは、太陽光が微小な氷や水の粒子に当たって、大半が反射されるから。色は赤、緑、青の三原色によって構成されるが、それらがすべて反射され、目に入ってくると、その物体は白く見えるのだ。

一方、雨が降りだす直前は、雲の中の水滴が成長していて、ほとんどの波長の光を吸収してしまう。すると、雲は灰色や黒色に見えるようになるというわけだ。

天気が西から東に変わるのは?

日本列島では、九州や近畿地方で雨が降った翌日か翌々日には、関東地方で雨が降ることが多くなる。逆に、九州や近畿地方が晴れていると、翌日か翌々日には、関東地方が晴天に恵まれる確率が高くなる。

その原因は、日本の上空を強い偏西風が吹いていることにある。日本列島付近では、偏西風の影響で、高気圧や低気圧が西から東へ流されるのだ。そのため、九州で降っていた雨は、やがて近畿地方で降り出し、続いて関東で降ることが多くなる。こうした日本列島特有の現象は「天気東漸(とうぜん)の法則」と呼ばれている。

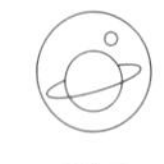

春と秋は、晴れがなかなか続かないのは?

春と秋は天気が変わりやすく、晴天が1週間も続くことはめったにない。これは、おもに日本列島へ張り出す高気圧の勢力が衰えることが原因だ。

まず、冬場は、オホーツク海方面から高気圧が張り出しているため、晴天が続くが、春になるとその高気圧が衰え、天気が変わりやすくなる。

一方、夏場は、太平洋高気圧が日本列島を覆うため、晴天が続くが、秋になると、高気圧の勢力が衰え、やはり天気が変わりやすくなる。

とりわけ、春と秋は、偏西風の影響を受けやすくなり、中国大陸からの移動性高気圧が時速40〜50キロほどのスピードで、日本列島周辺を駆け抜けていく。その高気圧が日本列島上空にある3〜4日の間は晴れるが、駆け抜けると気圧が変化し、天気が不安定になるというわけだ。

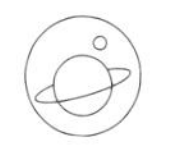

喘息(ぜんそく)に注意しなければならない秋の日とは?

近年、秋になると、喘息に苦しむ人が増えている。これには、近年の地球温暖化が関係しているとみられている。

以前は、ダニは9月になって気温が下がると死んでいき、その死骸がハウスダストになるため、9月に喘息の発作を起こす人が少なくなかった。ところが、近頃のように、9月になっても高温の日が続くと、ダニはより活発に繁殖する。すると死骸の量も増えることになり、10月、ようやく気温が下がったところで、喘息の発作が出るという人が多くなるというわけだ。

とりわけ、10月、朝夕に冷え込むと、人間の体は、皮膚の血管を収縮させ、熱が逃げるのを防ごうとする。

すると、体表面の血流が減る分、体内部の血流が増加。気管支周辺でも血流が過剰になって、それが発作を引き起こす原因になるのだ。

晴れていても気温が下がる放射冷却の謎とは?

冬場は、よく晴れた日の夜や翌朝は、「放射冷却」現象によって気温が冷え込むもの。放射冷却は、「高温の物体が周囲に電磁波を放射することで、温度が下がること」をいう。

物体の多くは電磁波を放射し、放射している物体は温度が下がり、他から放射を受けた物体は温度が上がる。そのことは、気象現象にも当てはまるのだ。

よく晴れた日の昼間、地表面の温度は、太陽からの電磁波によって上がっている。ところが、夜になると、こんどは地表面から宇宙に向けて電磁波が放射され、地表面の温度は下がっていく。

ところが、上空に雲があると、地表面は、雲からの放射を受けるので、温度が大きく下がることはない。つまり、曇っていれば、早朝、さほど冷え込むことはないというわけだ。

ところが、晴れた日は上空に雲がないため、地表面からの放射がそのまま宇宙へ放たれてしまい、地表面の温度は下がる一方になる。すると、翌朝、底冷えすることになるのだ。

「クリスマス寒波」がやってくる理由は?

12月は、前後半で気圧配置が一変することが多い。まず12月前半は、冬型の気圧配置と大陸からの移動性高気圧が交代し合うので、冷たい北風が吹く日もあれば、小春日和の日もある。

ところが、12月後半になると、冬型の気圧配置の日が多くなり、寒さはいよいよ本番を迎える。そして、その頃にやってくる寒波は、ちょうどクリスマスの時期にあたるので、「クリスマス寒波」と呼ばれることになったというわけ。

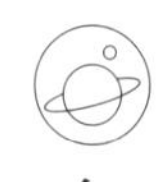

冬場、強風が吹くメカニズムは？

北半球では、冬場、北極圏に冷たい空気がたまっている。それが、地球の自転によって放出され、シベリア上空を通過、寒風となって日本列島を襲ってくる。その際の風の強さは、気圧配置によって決まる。

風は、気圧の高いほうから低いほうへ向かって吹く。そのため、冬型の気圧配置で等圧線が込み合い、日本列島の南北で20ヘクトパスカル以上も気圧が違うときには、各地で激しい風が吹き荒れることになる。

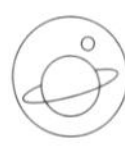

日本に梅雨があるのは？

日本では6月、梅雨の時季を迎えるが、中国大陸では、梅雨は4月の末にはすでにはじまる。まず、南シナ海上の熱帯モンスーン気団が勢力を増し、北上してくる。それが中国大陸上の揚子江気団と衝突し、前線ができる。それが、初期の梅雨前線である。

5月になると、この梅雨前線が、中国の華南沿岸部に停滞し、この地域に梅雨をもたらす。さらに、この梅雨前線が北上して、日本の西日本にまでかかるようになる。

その一方、5月下旬から6月にかけては、南下するオホーツク気団と北上する小笠原気団が衝突。西日本から東日本にかけて、両者の間に梅雨前線が形成される。

とりわけ、オホーツク気団と小笠原気団の勢力が拮抗していると、梅雨前線が長く停滞することになり、7月半ばまで梅雨がつづくことになる。

気圧の単位を「ヘクトパスカル」というのは？

気圧の単位は、かつては「ミリバール」が使われていたが、1992年（平成4）12月1日から「ヘクトパスカル」に変更された。

ヘクトパスカルの「ヘクト」は、「100倍」という意味で、「パスカル」は圧力と応力の単位。「1パスカル」は、「1平方メートルの面積につき、1ニュートンの力が作用する圧力、または応力」と定義されている。

また、「1パスカル＝0・01ミリバール」なので、100パスカル＝1ミリバール」

となる。ここから、気圧の単位には、パスカルの１００倍という意味の「ヘクトパスカル」が用いられている。

この「パスカル」という単位名は、フランスの哲学者パスカルに由来する。彼は物理学者でもあり、数学者でもあったのだ。ヘクトパスカルの記号である「hPa」の「P」が大文字になっているのは、パスカル（Pascal）の頭文字をとったからである。

PM2・5の「2・5」って何のこと？

中国の大都市部では、例年、春が近づくと、ＰＭ２・５が大問題になる。ＰＭ２・５は、工場などが排出する汚染物質や自動車の排ガスなどが、化学反応を起こしてできる物質。「２・５」とは、直径が２・５マイクロメートル以下であることを意味する。なお、１マイクロメートルは１０００分の１ミリのことだ。

きわめて小さい物質であるため、肺の中にまで入り込みやすく、ぜんそくが悪化するなどの呼吸器系の疾患を引き起こしやすい。日本には、おもに九州などの西日本に、中国大陸から飛来する。日本気象協会などでは、春が近づくと、風向き、雨などの気象条件から、どれくらい飛んでくるかを、予測して発表している。

台風はどうやって発生するのか？

台風は、赤道よりやや北の熱帯の海で発生する。その海域の水温が26度以上と高いうえに、水蒸気をたっぷり含んだ暖かい大気に覆われているからである。

その水蒸気は、上昇気流によって上空へ運ばれ、雲となり、積乱雲をつくる。それに地球の自転の力が加わって積乱雲の集合体は渦を巻きはじめる。それが台風のもととなる「熱帯低気圧」であり、その熱低が発達したものが台風と呼ばれることになる。

なお、同じ熱帯の海域でも、海水温がもっとも高い赤道直下では、台風は発生しない。赤道上では、地球の自転の力が働かず、風が渦を巻くことがないからだ。

台風の進路はどうやって決まる？

台風は熱帯の海で発生し、時速15キロメートルから50キロメートルの速さで、いったんは北西へ進む。しかし、そこから先の進路は夏と秋で変わる。

夏から秋にかけては、北緯30度付近で、時計回りにカーブを描き、その後、偏西風に流されて、進路を北東に変えて進む。この時期、台風がたびたび日本にやってくるのは、日本列島がこの進路上に位置しているからだ。ところが、10月頃になると、台風は日本列島の東側を通過することが多い。

夏と秋で、台風のコースにズレが生じるのは、太平洋高気圧の影響である。台風は、太平洋高気圧の縁を回るようにカーブするため、太平洋高気圧の位置によって進むコースが変わってくるのである。

ヒートアイランド現象はなぜ起きる？

「ヒートアイランド現象」は、周囲に比べて、都市部の気温が高くなる現象。なぜ、都市部だけが熱を帯びるのだろうか？

その根本的原因は、都市部に人口が集中していることにあるといえる。都市部では、住宅、工場、オフィス、クルマなどが膨大な熱を排出している。たとえば、東京23区の人工排熱量は、日射エネルギーの20％近くにも達している。その膨大な熱が、大気を暖めて気温上昇をもたらすのである。

加えて、都市部では、道という道が舗装されているので、アスファルト舗装の道路が熱をためこむ。しかも、立ち並んだ高層ビルが風の行く手をさえぎる。そうして、大都市部には、自らが生み出した熱気が停滞して、うだるような暑さが続くことになるのだ。

エルニーニョ現象って、どんな現象？

エルニーニョ現象は、南米エクアドルからペルー沿岸にかけて、海水温が数年に一度、上昇する現象のこと。

そもそも、ペルー・エクアドル沖の海域は、太平洋のなかでも、水温が低い一帯だ。その地域では、つねに西（インドネシア側）へ向かって吹く貿易風によって、海水は西へ流されている。すると、その海水を補うため、海底から冷たい水が湧き上がってくる。この冷たい海水のため、ペルー沖の水温は低く保たれているのである。

ところが、数年に一度の割合で、東西の気圧差が小さくなって貿易風が弱まり、東太平洋（ペルー側）の海面水温が下がらなくなることがある。これが、エルニーニョ現象である。

この現象が起きると、ペルーでは大雨になり、インドネシアでは雨が降らずに干ばつとなる。そして、日本では冷夏となるなど、太平洋沿岸の国々に異常気象をもたらすことになる。

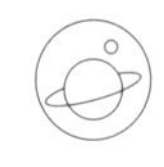

フェーン現象って、どんな現象？

「フェーン」は、山を越えて吹いてくる暖かく乾燥した風のこと。その風下の地域で気温が急上昇する現象を「フェーン現象」という。なぜ、空気は山を越えると、高温で乾燥した風に変化するのだろうか？

空気（風）は、山の斜面に沿って上昇するうちに、気圧が下がり、膨張する。膨張するためにはエネルギーが必要なので、空気温は下がっていく。１００メートルの上昇で、気温は０・５度ほど下がる。

こうして気温が下がると、空気中の水蒸気が凝結して雲ができ、山では雨が降る。すると、空気は水分を失って乾燥した状態になり、今度は麓へ向かって吹き降りていく。そのとき、気圧の高い方向へ降りていくため、空気は圧縮され、温度は上昇していく。しかも、斜面を下っていく空気は１００メートルにつき1度程度、気温が上がるため、上昇する前と比べて気温が高くなることになるのだ。

また、フェーン現象で山から降りてくる空気は乾燥しているため、火災の原因になることがある。乾燥した突風にあおられることで、大火になりやすいのだ。

竜巻はなぜ起きる？

竜巻は、風ではなく、積乱雲からのびた空気の渦。積乱雲のまわりで、ゆっくりと回転していた空気が、強い上昇気流に巻き込まれ、回転半径が急に小さくなって、小さな空気の渦ができる。それが、竜巻のもとである。

渦を巻いた空気は、雲から地上へと向かいながら、下へ下へと引き伸ばされていく。それが、地上や水面に触れたとたん、恐ろしい竜巻となって襲ってくるのである。

なお、校庭などで風が渦を巻き、砂ぼこりが立ち上ったり、枯れ葉がくるくる舞い上がることがある。

それは、竜巻ではなく、上昇気流の一種のつむじ風である。太陽熱で地面が暖められて小さな上昇気流が発生、そこに周りの空気が吹き込むことで、つむじ風は発生する。竜巻とはまったく違うメカニズムで起きる別種の現象だ。

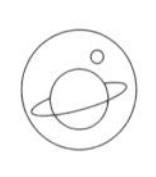

「温室効果」はなぜ起きる？

地球の地面付近の平均気温は、おおむね15度前後に保たれてきた。地球はどのような仕組みで、この温度をキープしているのだろうか？

地球に届く太陽エネルギーのうち、30％は雲などによって反射され、地上へ届くのは70％ほど。その70％の熱は、いったん地表へ吸収された後、赤外線となって宇宙空間へ放出される。つまり、地球は、太陽の熱エネルギーによって暖まり、その熱を宇宙へ放出することで冷えている。

ところが、宇宙へ逃げようとする熱の一部は、大気中の「温室効果ガス」に吸収され、地表に向かって再放射される。これが「温室効果」と呼ばれる現象だ。

温室効果がまったくなければ、地球表面の温度はマイナス18度になると計算されている。この温室効果のおかげもあって、地球は15度という気温を保っているのである。ただし、現在は、この温室効果が進みすぎ、平均気温が上がっていることは、ご存じのとおりである。

地震はなぜ起きる？

地震の原因のひとつは、「プレート」と呼ばれる岩盤の動きである。地球の表面は、十数枚のプレートで覆われていて、それぞれが独自の方向に動いている。その速さは、速いもので年に10センチ、遅いもので年に1センチ程度。場所によっては、岩盤同士がぶつかったり、片方がもう一方の下へもぐり込んだりしていて、その接点では、岩盤が壊れたり、ひび割れができたり、ずれたりしている。

地震は、そのようなプレートの破壊やひび割れ、ずれが一因になる。それらが起きた場所が震源であり、その衝撃が地上に伝わって地面を揺らすことになるのだ。

地震のときに伝わるP波とS波とは？

地震が起きると、最初に小さな揺れがあり、その後、ユサユサと大きく揺れる。その際最初の揺れの地震波を「P波」と呼び、後の大きな揺れの地震波を「S波」と呼ぶ。

P波は「第1波」を表す「Primary wave」の頭文字をとったもので、進行方向に対して平行に振動する波。S波は「第2波」を表す「Secondary wave」の頭文字をとったもので、進行方向に対して直角に振動する波だ。

両者は、伝わる速度が違い、P波は一般に地表近くを伝わり、その速度は毎秒5〜7キロ。一方、S波は秒速3〜4キロほどである。緊急地震信号は、その時間差を利用して、P波を感知した後、S波とともに大きな揺れがやってくるまえに流されている。

震源は、どうやって突きとめるのか？

気象庁は、どうやって地震の震源を突き止めているのだろうか？

これにも、前述のP波とS波が利用されている。たとえば、P波の速度を秒速6キロ、S波を秒速4キロとすると、震源から30キロの場所には、P波は5秒後に到着し、S波は7・5秒後に到着することになる。そこで、地上の3～4地点で、P波とS波の最初の到達時間をはかり、それをもとにして震源地を算出している。

なお、地震の原因となる岩盤の破壊やズレは、一か所で起きるわけではなく、通常は何十キロから何百キロにわたっての幅で起きる。そのように岩盤が壊れたエリアを「震源域」と呼び、そのうち最初に岩盤破壊が起きた地点を「震源」と呼んでいる。

震源地から遠く離れた場所が強く揺れるワケは？

地震による揺れは、通常、震源から遠ざかるほどに衰えていく。ところが、まれに震源に近いところよりも離れているところのほうが大きく揺れることがある。

それを「異常震域」というが、それには多くの場合、地盤の弱さが関係している。周辺よりも地盤が弱い地域は、震源により近い地点よりも、揺れが激しいことがありうるのだ。

地震で液状化現象が起きるのは？

地震によって、地盤が液体のようにドロドロになることを「液状化現象」という。液状化しやすいのは、埋立地、三角州、河川跡、水田跡、砂丘地帯など、地下水位の高い砂地盤のエリアである。

埋立地や砂地質の地下でも、ふだんは砂粒同士がかみ合っている。ところが、地震による揺れが加わると、砂粒同士の間にすき間ができ、そこへ地下水が入り込む。すると、砂粒は水中に浮んだような状態となり、ドロドロになってしまう。

すると、建造物は、突然、地盤を失うことになる。とりわけ、重心の高い建物や重心が偏った建物は、傾いたり、倒れたりするということになるのだ。

津波が来る前に波が引くのは？

津波が襲来するまえには、海水が沖のほうへ大きく後退することがある。ただし、必ずしもそうなるわけではなく、津波の発生原因によって、海岸線は後退することもあれば、しないこともある。

まず、地震によって海底が大きく盛り上がった場合には、最初から波の山がやってくる。そのような波は「押し波」と呼ばれ、押し波で始まる津波は、直前に海水が沖合へ後退することはない。

一方、地震によって海底が大きく沈降した場合は、海水はいったん沈み込んでから、その反動で盛り上がる。この場合は、津波は「引き波」で始まり、海水が沖合へ大きく後退してから、まもなく盛り上がった津波の山が襲ってくることになる。

雷はなぜゴロゴロと鳴る？

雷は、積乱雲による放電現象であり、ゴロゴロという雷鳴は、その衝撃波が音波に変わって地上に届いたものである。

まず、水分を含んだ上昇気流が上空の冷たい大気層に達すると、氷やあられができる。雲の中でそれらが激しくぶつかり合うと、静電気が発生し、雲の上層部にはプラスの電気、下層にはマイナスの電気が蓄えられる。やがて雲の下層部から地面に向かって火花放電を引き起こす。それが、稲妻だ。

その際、稲妻の通り道にある空気は、瞬間的に2～3万度にまで温度が上昇する。そのときの衝撃波や振動によって轟音が発生し、それが雷鳴となって地上に伝わるのだ。

大人なら知っておきたい10人の科学者――その1

コペルニクス

（1473～1543）

コペルニクスは、16世紀に「地動説」を唱えた天文学者。

彼は、ポーランドで生まれ、両親が早くに亡くなったため、9歳のとき、司教をつとめる叔父にひきとられた。大学で、ラテン語や医学とともに、天文学も学ぶようになる。その後、イタリアに留学し、数学と天文学の知識もたくわえる。

30歳で帰国してからは、叔父の教区で聖職者や医師として働きながら、天文学の研究を独自に続けることになる。

当時は、古代ギリシアのプトレマイオスの「天動説」が信じられていた時代だったが、彼はそれに疑問をもち、太陽を中心に考えると、惑星の動きをよりうまく説明できるはずだと考えた。

そして、コペルニクスは得意の数学を駆使して、「太陽中心論」を作り上げる。それは、太陽の回りを地球などの惑星が回るという現在の常識とほぼ同じものだった。

彼は1543年に地動説の書『天体の回転について』をまとめるが、すでに病床にあり、本が届いた直後に息をひきとったと伝えられる。

彼は、地動説に行きつきながらも、後述するガリレオのようにカトリック教会から弾圧されることはなかった。彼がもともとカトリックの聖職者であり、教会との論争を避けるため、死ぬ間際まで著作を発表しなかったからである。地動説の始祖は、生涯、教会とは対立せずに一生を終えたのである。

ガリレオ・ガリレイ

（1564〜1642）


ガリレオは、「振り子の等時性」や「慣性の法則」などの運動法則を明らかにした物理学者。「地動説」などの天体運動の研究は、彼の業績の一部にすぎない。

ガリレオはイタリアのピサに生まれ、17歳でピサ大学の医学部に入学するが、すぐに物理を学びはじめ、同大学の講師になる。

その頃から、彼は物体の落下運動を研究し、アリストテレスの「落ちる物体の速度は、その物体の重さに比例する」という古代から信じられてきた説の誤りに気づき、「空気抵抗を無視できるなら、どんなものも同じ速さで落下する」と考えた。

そして、ピサの斜塔から、大小2つの球を同時に落とし、両者が同時に地面に着地するという実験を行ったと伝えられるが、この話は正式な記録にはなく、ガリレオの弟子が創作したエピソードとみられている。

その後、ガリレオは物体の運動に関する研究を続け、「慣性の法則」などを確立。

その研究は、惑星の運動の研究へと発展していく。ガリレオは独自に望遠鏡を作り、1610年、木星のまわりを回る4つの衛星を発見するが、それは、すべての天体が地球を中心に回っているという説に反するものだった。こうしてガリレオは地動説を支持し、教会から「異端警告」を受けることになった。

それでも、ガリレオは研究を中断せず、地動説の書『天文対話』を出版。教会関係者のさらなる怒りを買って、宗教裁判にかけられ、自宅に幽閉された。ガリレオは破門の身のまま、77歳の生涯を終えた。

なお、宗教裁判で「それでも地球は動いている」とつぶやいたという逸話も、実話ではないとみられる。ただし、彼が同様のセリフを知人にもらしたということを、間接的に裏づける資料は存在する。

アイザック・ニュートン（1642〜1727）

ガリレオが亡くなった年に、アイザック・ニュートンは生まれた。ニュートンはケンブリッジ大学トリニティ校に入学後、すぐに当時の数学の最先端に到り、注目を集める存在になる。

23歳で大学を卒業、研究室に残るが、ちょうどその時期、ペストが流行したため、大学は閉鎖されてしまう。そのため、ニュートンは、23歳〜25歳にかけての約1年半を、郷里で過ごすことになる。後世、この時期は「ニュートンの驚異の1年半」と呼ばれることになる。

というのは、彼はこの短期間に、いわゆ

る3大発見（万有引力、光の分析、微分積分法）のアイデアに到達したからである。「リンゴが落ちるのを見て、万有引力を発見した」という逸話も、この時期のものである。

ニュートンは、27歳でケンブリッジ大学の数学教授となる。その後、光の分解について論じた論文が、当時の人々にはまるで受け入れられなかったため、以後15年間も研究成果の発表を避けるようになってしまう。

ようやく、44歳のときに『プリンキピア』を刊行。万有引力をはじめ、彼の理論を詳解したこの歴史的名著によって、ニュートンの名声は不動のものとなる。

ところが、これでニュートンの研究生活はほぼ終わりを迎える。その後のニュートンは、国会議員や造幣局の長官をつとめるなど、政治家、行政家として生涯を終えた。

チャールズ・ダーウィン（1809〜1882）

ダーウィンは、「進化論」を提唱したイギリスの生物学者。

1809年、イングランド西部で生まれ、医師だった父親の勧めで、エジンバラ大学医学部に入学するが、医者には向いていないと自覚し、ケンブリッジ大学の神学部に転校する。そこで彼は植物学に興味をもつ。

大学を卒業すると、博物学者として英国海軍の探検船ビーグル号に乗り込み、世界一周の旅に出る。1831年に出発し、南米、南太平洋諸島、オーストラリアでさまざまな動植物を観察し、1836年に帰国。

この5年にわたる航海の経験が、後に進化論を生み出すもとになった。

当時はまだ、動植物は神がお創りになったと考える人が大半を占めていた時代。しかし、ダーウィンは、「土地によって生息生物の姿が少しずつ異なるのは、その土地の環境に適応して、生物が変化しているから」と考え、やがて「自然淘汰」や「適者生存」という概念に到達する。

ダーウィンは、このような「進化論」の正しさを1844年頃には確信していたものの、その発表をためらい続けた。「すべては神がお創りになった」というキリスト教の教えに反する学説を発表すれば、教会から激しい非難を受けることが目に見えていたからだ。

ようやく1858年になって、彼は『種の起源』を発表。それは自然淘汰の思想が表されているだけで、人類の進化についてはあえて言及されていないものだったが、それでも教会からは激しい非難を受けることになった。

キュリー夫人

（1867～1934）


キュリー夫人（1867～1934）は、女性の科学者として先駆的な存在。

キュリー夫人ことマリー・キュリーは、ポーランドのワルシャワで生まれ、父は教師だったが、投資に失敗し、彼女は進学できなくなった。家庭教師をして学資を貯め、23歳でパリにのソルボンヌ大学に入学する。

放射能などを研究するなか、ピエール・

キュリーと出会ったのは、27歳のときのことだった。ピエールは、8歳上の物理学者で、二人は翌年結婚した。

マリーは、夫とともに「放射能」の研究を続ける。キュリー夫妻は、放射線がα線、β線、γ線の3種からできていることなどを明らかにし、1903年、二人はノーベル物理学賞を受賞する。

1906年、ピエールは馬車に轢かれて亡くなるが、マリーは研究を続け、新しい元素ラジウムを発見。そして、1911年に、今度はノーベル化学賞を受賞した。

マリー・キュリーが亡くなったのは、1934年、66歳のとき。長年にわたって放射能に関する実験を続けたため、被曝し、白血病におかされたのだった。

なお、マリーの長女のイレーヌも、両親の後を継いで物理学者となり、結婚相手も同じ学者だった。そして、その夫婦も1935年にノーベル化学賞を受賞している。つまり、キュリー夫人の家族は、一家で5つものノーベル賞を受賞しているのだ。

3 モノ

旅客機が、あえてエアコンを搭載していない理由は何？

重たい飛行機がなぜ空を飛べるのか？

飛行機が空を飛べるいちばんの理由は、その翼の形にある。

飛行機の翼は、上部が流線形にふくらんで、弧を描くような形をしている。そうした形であるため、飛行機が滑走路を走る際、翼の上部を流れる空気は、下部を流れる空気よりも速くなる。すると、翼の上面の気圧は大気圧よりも小さくなり、反対に翼下面の気圧は大気圧よりも大きくなる。

言い換えると、翼の上面の空気抵抗は、下面より小さくなって、翼が上へ上へと押し上げられる。この「揚力」と呼ばれる力は想像以上に大きく、大型機の機体もふわりと浮き上がらせるのだ。

航空機用燃料と自動車のガソリンとの違いは？

航空機用の燃料には、ジェット燃料と航空ガソリンがある。

まず、ジェット機に使われているジェット燃料は、ガソリンではなく、灯油をベースとした「ケロシン」という燃料が使われている。上質の灯油に酸化防止剤などの添加剤を加えたものだ。

一方、航空ガソリンは、ピストンエンジンを装備した飛行機に使われている。「ガソリン」といっても、自動車用よりもはるかに高品質のガソリンで、次のような条件を兼ね備えている。発熱量が大きい、気化性がよい、化学的安定性が高い、耐寒性が大きい——の4条件だ。

旅客機が、あえてエアコンを搭載していない理由は何？

旅客機は、エアコンとは違う方法で、温度を調整している。ジェットエンジンの仕組みを利用して、温度を調節しているのだ。

ジェットエンジンは、燃料を燃やすために空気を必要とし、外部から吸い込んだ空気を圧縮して燃料と混ぜている。その圧縮空気の一部を機内に送り込んでいるのだ。

ただし、気体は圧縮すると温度が急上昇するので、圧縮空気の温度は850度にも上がっているため、そのままでは機内へ送り込めない。そこで、今度は膨張させて、温度を0度近くまで下げたうえ、それにエンジンから取り出した高温の空気を混ぜて送り込んで、機内温度を25度前後に保っている。

スピードの出るジェット機ほど、翼が小さいのは？

ジェット戦闘機の翼は、軽飛行機などに比べると、相対的にははるかに小さい。速く飛ぶためには、翼は小さいほうがいいのだ。

前述したように、飛行機は揚力によって飛んでいるが、揚力は速度の2乗に比例するとともに、翼面積にも比例する。つまり、速く飛べ、大きな翼を持つ飛行機ほど、大きな揚力を得られる。ただし、揚力は一定の力以上は必要ないので、速く飛ぶのであれば、翼は小さくてもOKなのだ。

むしろ、速く飛ぶことによって十分な揚力を得られるのであれば、翼を小さくしたほうが、機体は軽くなり、より速く飛ぶことも、旋回性能などを向上させることもできるというわけだ。

飛行機の胴体は、なぜ丸いのか？

飛行機の大半は、胴体の断面が丸くなっているもの。

それには、２つの理由があり、ひとつは、機体の強度を保つため。機体の内外では気圧が大きく違うのだが、その気圧差に耐えるためには、円形が最も適しているのだ。断面が四角いと、その角の一点に圧力が集中し、その角から機体の強度は落ちていく。断面が円形であれば、そうした弱点が生じないのだ。

また、断面が丸いほうが、空気抵抗を減らすこともできる。その分、高速飛行が可能になるというわけだ。

なお、軽飛行機は、そんなに高いところを高速では飛ばないため、機体に大きな圧力がかからない。そのため、胴体断面が四角形の機種もある。むろん、四角いほうが、座席を並べたり、荷物を積み込むのには便利なため、四角形が採用されることもあるというわけだ。

タッチスイッチの仕組みは？

タッチスイッチは、指先で軽く触れるだけで、スイッチをオンにしたり、オフにしたりすることができる。ぷちっと押しこまなくてもオン・オフできるのは、スイッチに触れたときに生まれる静電気を利用しているからだ。

タッチスイッチの中には、タッチ電極と呼ばれる部品がはいっている。タッチ電極は、指が触れることによって生じる静電気をキャッチすると、その信号を電気をオンオフする信号に変えるのだ。

パラシュートのてっぺんに穴が開いているのは？

パラシュートの上部には、「頂部通気孔」と呼ばれる穴が開いている。パラシュートは、あの穴があるからこそ、安全に着陸できる。あの穴がないと、地上へ向かうとき、空気がどこから溢れ出るかわからないため、パラシュートが大きく振られる危険性がある。じっさい、昔の穴のないパラシュートでは、そうした現象が続出した。

そこで、上部に穴を開けるという改良が施され、空気を徐々に逃がすことによって、パラシュートの安定と安全性が確保されるようになった。また、上部に穴を開けると、パラシュートが開く際のスピード変化がゆるやかになって、利用者の〝股間〟への衝撃をおさえるというメリットもある。

カーナビの到着予測時刻の計算方法は？

カーナビに目的地を設定すると、画面に到着予測時刻が表示される。あの到着予想時刻は、どのように計算されているのだろうか？

メーカーによると、案内ルートを「一般道」と「有料道路」に分け、それぞれの平均速度から時間を割り出しているという。その平均速度は、一般道が時速30キロ、有料道路が時速80キロほどに設定されている。したがって、たとえば一般道を時速40キロで走ると、到着予測時刻よりも若干早くなるが、道路が渋滞していて平均20キロでしか走れないと、到着予測時刻よりも遅れることになるというわけだ。

さらに、最近のカーナビは、渋滞や事故情報を取り込んだうえ、信号の数や道幅の広さ、踏み切りの有無などを考慮して計算するように設定されているので、その予測精度はひじょうに高くなってきている。

レールの断面が「エ」の形をしているのは？

鉄道のレールの断面は、カタカナの「エ」のような形をしているもの。そうした形にするのは、少ない材料で強度を高めるための工夫といえる。

鉄鋼の種類のひとつに「H形鋼」がある。断面がアルファベットの「H」形をしていて、角材型と比べると、曲げる力に対する強度は約半分だが、重さは3分の1。つまり、重量に対する強さの比率では、H形鋼は角材型の1・5倍ということになる。それだけ、安くて軽くて強い素材というわけだ。

レールは、このH形鋼を改良して作られている。まず、H型鋼を横向きの「エ」形にしたうえで、車輪が当たる上面を細くしてある。一方、枕木に接する下面は、レールが安定するように幅広に作られている。

新幹線のブレーキは、どんな仕組み？

超高速で走る新幹線は、３種類のブレーキを備えている。

まず、「電気ブレーキ」は、高速からの時速30キロ程度まで、スピードを落とすためのブレーキ。モーターを発電機として用いることで生じる抵抗力によって速度を落とす方式で、鉄道では何十年も前から用いられている。

次に、「回生ブレーキ」は、モーターで発生した電力を架線に返し、他の電車の動力に流用するもので、３００系から採用されている。

そして「空気ブレーキ」は、摩擦力を利用するブレーキで、通常、停止直前で使用されている。

船の速度はどうやって測る？

船の速度を表す「ノット」は、１時間に１海里進む速さのこと。１海里は１８５２メートルなので、１ノットは時速１・８５２キロということになる。現在、コンテナ船の速度は、平均20〜22ノットくらいだ。

現在、船の速度は、電磁ログやドップラーログという機器で測定されている。まず、電磁ログは、海水の導電性を利用して、電磁誘導によって速度を測るシステム。一方、ドップラーログは、水中音波のドップラー効果を利用する方法だ。船底の装置から超音波を発射し、海底や水中のプランクトン、気泡などにぶつかって、再び船底に戻ってきたときの音波の周波数の変化を計算し、速度やどれだけ横へ流されたかを測定する。精度が高いのは、後者のほうだ。

船にはハンドルがついているのか？

大型船の操船は、「ブリッジ（船橋）」と呼ばれる操舵室で行われている。

操船する際、クルマでいうアクセルにあたるのは、エンジン・コントロール・パネル。これによって、エンジンの回転数を操作する。一方、ハンドルにあたるのは舵で動かす舵輪（だりん）だ。船にはブレーキがついていないので、操船はエンジン・コントロール・パネルと舵輪（ハンドル）によって行われている。

なお、昔の舵輪は、直径が1メートル以上もある大きなもので、それを回すには相当の腕力が必要だった。現在の舵輪は、直径30センチほどの車のハンドル程度のサイズ。電動油圧装置によって、巨大な船、舵であっても楽々と操作できる。

船体に穴があいても、簡単には沈まない仕組みは？

鋼鉄製の船が水に浮くのは、船の重さと浮力が釣り合っているから。ところが、船体に穴があき、浸水すると、重量が増え、重量が浮力を上回った時点で、船は沈んでいくことになる。

そうした事態を防ぐため、船体にはさまざまな工夫が加えられてる。まず、船内は多数の水密区画に分割されている。浸水しても、最小限の区画内に食い止めるためだ。

もっとも、そうした水密区画をたくさん造ると、安全性は向上するものの、小部屋を数多く設ける分、荷物の積み下ろしに手間がかかるようになるし、壁が多くなる分、船体の重量が増えてしまう。そこで、水密区画をどれくらいの数、どのように配置するかは、設計者にとっては大きな腕の見せどころになっている。

ＬＮＧ運搬タンカーに危険なガスをどうやって積み込む？

ＬＮＧは、液化天然ガスの略。天然ガス（主成分はメタン）を冷却した液体のことだ。天然ガスは、マイナス１６２度まで冷却すると、液体になり、気体の状態に比べると、体積が約６００分の１にまで減少する。その性質を利用して体積を減らし、大量輸送しているのだ。では、爆発物のガスをどうやって液化したり、タンカーに積み込んだりしているのだろうか？

ＬＮＧの積み込みは、以下の４段階で行われている。まず、タンカーのタンク内の空気（酸素）を完全に取り除くため、タンク底部から不活性ガスを注入する。不活性ガスは空気よりも重いので、空気はタンク上部から抜けていく。

次に、タンクに気化したＬＮＧを注入し、不活性ガスを抜く。こうして、タンク内に天然ガスを充満させると、タンク全体をマイナス１６２度まで冷やす。すると、タンク内の天然ガスが液化し、体積が６００分の１にまで減る。その余ったスペースにまたＬ

ＮＧガスを積み込み、また冷やすという作業を続けるのだ。

プラモデルの部品が連なっているのは？

プラモデルの部品は、プラスチック枠の中に、木の枝のような形でぶらさがっている。プラモを作るときは、まずは四角い枠から部品をはずすことから作業を始めるもの。プラモの部品が木の枝のような形でぶらさがっているのは、部品を製造する際に、２枚１組の金型を使うためだ。

プラモデルの設計が決まると、金型の中に部品をどう並べるかがまず考えられる。配置が決まり、たい焼き器のような２枚組みの金型ができると、そこに溶かしたプラスチックを流し込む。その際、金型の中の木の枝のような部分が、プラスチックの流れる通り道になる。そして、完成後は、木の枝のような部分は、小さな部品がバラバラにならないように、結びつける役割も果たしているというわけだ。

シャープペンシルの芯はどうやって作る?

シャープペンシルの芯の原料は、鉛筆の芯と同様に「黒鉛」。それをプラスチック樹脂と練り合わせてから、芯の形に加工し、焼き物のように焼きあげる。焼くことで樹脂が炭化し、その炭化物で黒鉛を固め、強度を増すことができるのだ。

ただし、「焼く」といっても、空気中で加熱すると、すべて燃え尽きてしまうので、アルゴンやヘリウムなどの不活性ガスの中で、電気炉を使って熱していく。そうして芯を熱すると、一部が気化し、気体となって抜けた部分が細かな穴になって残る。その後、芯を油につけると、その穴に油が入って、それがなめらかな書き味をもたらすというわけだ。

便器はどうやってあの形にする?

便器は、茶碗や花瓶などの陶器と同じような工程で作られている。原料を成形し、釉(ゆう)

薬を塗って高温で焼くという製法だ。

まず、主原料の長石などを機械で細かく砕いた後、粘土や水、水ガラス、セラミック玉などと混ぜ合わす。それを数日間熟成したものが、陶磁器でいう「土」になる。

その「土」を石膏の型に流しこみ、便器の形をした原型ができあがると、釉薬を塗ってから、1200度ほどの炉で約20時間かけて焼き上げる。

というわけで、便器は一種の〝陶器〟。乱暴に扱うと、割れてしまうことがあるので、ご注意のほど。

ヘルスメーターは、北海道用と沖縄用で〝別物〟？

日本国内で販売されているヘルスメーターには、地域別に3つのタイプがある。北海道型、沖縄型と中間型である。日本列島の南北では、重力にわずかな違いがあるため、作り分けられているのだ。おおむね、本州で体重60キロの人は、中間地域用のヘルスメーターを運んで計測すると、北海道では59・95キロ、沖縄では60・05キロになるのだ。

地域によって重力が違うのは、地球の自転による遠心力が働くため。この遠心力は、赤道に近づくほど大きくなるので、同じ重量の人でも、赤道に近い地域で量ると、遠い地域で量るよりも重い数字が出てしまうのだ。

ハンドクリームに「尿素」が入っているのは？

ハンドクリームの成分表示をみると、「尿素配合」と印刷されていることに気づく。「尿素」は、哺乳類の尿の中にも含まれている窒素化合物のこと。なぜ、ハンドクリームには、そんなものが入っているのだろうか？

じつは、尿素は、乾燥肌の手入れにピッタリの性質をもつ。肌の水分保持量を増やし、角質化して硬くなった皮膚をやわらかくする効果をもつのだ。

なお、ハンドクリームなどに使われている尿素は、哺乳類の尿から取り出されているわけではない。アンモニアと二酸化炭素から、化学的に合成されている。

柿ピーの袋に窒素が詰められているのは？

柿の種は、次のような工程で作られている。まず、もち米をすりつぶして粉にし、水を加えて蒸し上げると、餅状の生地になる。それを成形機にかけて柿の種の形にし、オーブンで焼き、辛く味付けをすると、柿の種のできあがりだ。

この柿の種にバターピーナッツを交ぜたものが、いわゆる「柿ピー」だ。それを袋詰めにするときには、袋の中の酸素を抜き、窒素ガスを注入している。なぜ、そんなことをするのだろうか？

これは、袋の中にバターピーナッツが入っているため。バターピーナッツに含まれる油分の酸化を防ぐため、酸素と窒素を入れ換えるのだ。

大豆油を作るとき、大豆の皮をどうやってむく？

大豆油を作るには、大豆を搾る前に、その皮をむかなければならない。大豆油の工場では、どうやって大量の豆の皮をむいているのだろうか？

これには、風力が利用されている。大豆を加熱して皮を取り除きやすくしたあと、豆を2本のロールの間に通して皮を破く。そこへ、強風を吹きつける。すると、中身に比べると軽い皮が、風に吹かれて飛んで行くという仕組みになっている。

人工雪はどうやって凍らせている？

屋内スキー場などで使われている「人工降雪機」は、どうやって雪をつくりだしているのだろうか？

その方法は、大きく分けて2つある。ひとつは氷を使う方法で、もうひとつは圧縮空気と水で雪をつくりだす方法だ。

前者は、スキー場に設けた製氷施設で薄い氷をつくり、機械で砕いて細かい氷粒（つまりは雪）にしてスキー場にまく。一方、後者の圧縮空気を使う方法では、「スノーガン」という機械を用いる。圧縮空気と水を混ぜ合わせ、ノズルから一気に空中に噴出すると、断熱膨張という原理が働いて、圧縮空気の温度が急激に下がり、噴出される水が雪に変わるという仕組みだ。

今は、スノーガンが主流になっているが、その使用にはひとつ条件があって、断熱膨張の原理を働かせるためには、外気温が氷点下でなくてはならない。暖冬だと、人工雪を〝降らせる〟ことも難しくなるのだ。

保存料を使わずに作れるあんパンの謎とは？

菓子パンには、唯一、保存料を使わずに作れる種類がある。「あんパン」である。同じ菓子パンでも、クリームパンやジャムパンには、ソルビン酸カリウムなどの保存料が使われている。なぜ、あんパンだけが保存料を必要としないのだろうか？

その理由は、あんにある。あんは、ゆでた小豆に大量の砂糖を混ぜたもの。その大量の砂糖が、細菌の繁殖に必要な水分を奪いとり、菌の繁殖を防ぐのだ。

また、あんをつくるときは、小豆を高温でゆっくり加熱しながら、水分をとばしてじっくり煮詰める。そうやって長く加熱するため、ほぼ完全に殺菌できるのだ。

一方、ほかの菓子パンは、砂糖を大量には入れないし、高温殺菌することもない。そのため、保存料がなくては日持ちしないのだ。

ガムの硬さは、どうやって調節している？

ガムは、ガムベース、甘味料、フレーバーからできている。そのうち、ガムベースの量を多くすると、歯磨き用のガムのような、硬いガムができあがる。

一方、風船ガムのような柔らかいガムは、ガムベースそのものに柔らかいものを使って柔らかみを出している。

また、甘味料とフレーバーも硬度と関係し、たとえば、キシリトールという甘味料を使うと、砂糖を使うのに比べて、柔らかいガムに仕上がる。

薬のカプセルは、何でできている？

薬のカプセルは一見、プラスチック類のようにも見えるが、人間が飲み込むものにプラスチックが使われているはずもない。

カプセルの原料となるのは、牛や豚の骨や腱である。牛や豚の骨や腱を長時間煮込むと、そこからエキスが出てくる。そのエキスから蛋白質を抽出したものが、ゼラチンである。カプセルには、そのゼラチンが使われている。

ゼラチンは、乾燥状態では形を保っているが、胃や腸の中に入ると溶けてしまい、中に収めた薬が体内に吸収されることになる。

そのゼラチン製のカプセルは、用途によってさまざまに工夫されていて、薬によっては、胃の中では溶けないカプセルに入れられている。胃の中で溶けないタイプのカプセルは表面がコーティングされ、そのコーティングによって胃酸を跳ね返すのだ。

フリスビーが、回転させないと飛ばないのは？

フリスビーを飛ばすコツは、よく回転させることにある。フリスビーは、回転数が足りないと、縦揺れを起こしてすぐに地面に落ちたり、思う方向とは別方向に曲がったりしてしまう。

モノをまっすぐ飛ばすには、スキーのジャンプ競技のように〝空中姿勢〟を保つことが必要になる。フリスビーの場合は、地面に対して平行か、少し上向きの角度を保つのがベストで、その角度を維持するには、よく回転させなければならない。回転が速いほど、適正な角度が保たれ、狙い通りの方向に遠くまで飛ばすことができる。

ビールの泡がなかなか消えないのは？

ビールの泡は、なぜか炭酸水やシャンパンの泡に比べると、長持ちするものだ。それは、ビールが、炭酸水やシャンパンに比べると、多種多様な成分を含んでいるから。ビールは、たんぱく質、炭水化物、ホップなどを含み、それらには粘度や表面張力を高める働きがある。そのため、炭酸ガスを保持する力が強くなり、なかなか泡が消えないのだ。

ちなみに、ビールは泡立つと、苦み成分が泡に吸収されて、味がまろやかになる。さらに、泡立つほどに香りもよくなる。あの泡が保たれていてこそ、ビールはよりおいしく飲めるのだ。

浴槽センサーがお湯の量を測る仕組みは？

昨今の全自動風呂は、あらかじめ水位を設定しておくと、給水がそのラインで自動的にストップする。そのような水位管理ができるのは、水位センサーを備えているからである。

水位センサーの多くには、水圧が利用されている。浴槽内の湯量が多くなるほど、浴槽内の水圧が高くなる。すると、水位センサーが水圧の変化をキャッチし、一定以上の水圧になると、スイッチを切るという仕組みが備わっているのだ。これによって、自動的に給水が止まるというわけだ。

風船はふくらませるときが大変なのは？

ゴム風船を息でふくらませるとき、最初は強く息を吹き入れても、なかなかふくらまないもの。ところが、すこし大きくなると、さほど強く息を吹き入れなくても、風船は大きくふくらんでいく。なぜだろうか？

物理学的にいうと、風船は、ゴム表面への「過剰圧力」が加わることによって、ふくらんでいく。この過剰圧力は、球体の半径が小さいときほど、大きくしなければならない。そのため、風船がしぼんでいるときは、半径が小さいので、強い過剰圧力、つまりは強い息の力を必要とするというわけだ。

一方、風船がある程度ふくらんだあとは、半径が大きくなっているので、過剰圧力は小さくてもよく、普通に息を吹き込むだけで、風船はふくらんでいくというわけ。

化学ぞうきんがほこりを吸い取る仕組みは？

化学ぞうきんを使うと、水なしで汚れを拭き取ることができる。なぜだろうか？

その理由は、化学ぞうきんに含まれている油と界面活性剤にある。汚れは、水よりも油にひっつきやすいのだが、油にはぞうきんにしみこみにくいという難点がある。そこで、油をぞうきんにしみ込ませるため、界面活性剤が利用されているのだ。

界面活性剤は、固体、液体、気体の界面の状態を変化させて、本来は混じりにくいものを混じりやすくする。たとえば、本来は混じり合わない水と油も混じり合い、乳液状になる。化学ぞうきんは、そうした乳液を布にしみ込ませたものなのだ。

だから、化学ぞうきんの水洗いはタブー。界面活性剤と油分が抜け落ちて、ただの布になってしまう。

静電気防止スプレーの中身は？

静電気は、物体の表面にたまる電気のことで、帯電した物体に触れたり、摩擦することによって生じる。たとえば、スーツやセーターが何かとこすれると帯電し、やがてその電気が一定量以上たまると、バチッとくる静電気現象が起きやすくなる。

静電気防止スプレーは、そうした帯電状態を解消するもの。そのスプレーには界面活性剤が入っていて、静電気現象の起きているところへ吹きかけると、界面活性剤が空気中の水蒸気を吸着する。すると、その水蒸気が空気中に発散されるとき、静電気も一緒に空気中に出ていってしまうのだ。その結果、帯電状態が解消されて、バチッとはこなくなるというわけ。

抗菌グッズは、菌の繁殖をどうやっておさえる？

抗菌靴下や抗菌歯ブラシなどの抗菌グッズには、抗菌剤が組み込まれている。その抗菌剤の原材料は、銅や銀、チタンや亜鉛化合物などの金属だ。

それら重金属のイオンには、菌の繁殖をおさえこむ力があり、とりわけ銀イオンが抗菌作用にすぐれている。昔から、ヨーロッパで銀食器が使われてきたのも、細菌の繁殖をおさえ、食中毒を防ぐことができるからだった。

光（レーザー）で鉄を切ることができるのは？

レーザー光は、光のもつ力を人工的に集約させたものといえる。その力によって、鋼鉄やダイヤモンドさえ、切断することができる。

そもそも、光はエネルギー波であるのだが、ふだんは波長などがバラバラであるため、大きなパワーにはならない。ところが、波長などをそろえて、ごく小さな一点に集中させると、大きなエネルギーを発揮する。その力によって、鋼鉄やダイヤモンドさえ、切断することができるのだ。

風力発電の風車の羽が3枚なのは？

風力発電用の風車の羽は、おおむね3枚羽である。これは、3枚羽が最もコストパフォーマンスがいいからである。

風車の枚数を増やすと、建設コストが高くなるうえ、メンテナンスにもコストがかかるようになる。一方、2枚羽では回転が不安定になるので、3枚羽タイプが最も費用対効果がよく、主流となっているというわけだ。

投票用紙がしぜんに開く仕組みは？

選挙の投票用紙には、時間がたつと、しぜんに開く合成紙が使われている。かつては、折りたたんである投票用紙をいちいち開かねばならず、開票作業に時間がかかっていた。

今はしぜんに開く合成紙を利用することで、開票作業が楽になり、開票に要する時間も短縮されている。

その合成紙の特徴は、ポリプロピレンを素材とし、木材パルプを使っていないので、繊維をもたないこと。そのため、折れにくく、たとえ折ってもすぐに元に戻る。だから、合成紙製の投票用紙は、有権者が折って投票箱に入れても、箱の中では平たく開いている。何重に折っても元に戻るので、投票箱を開けたときには、投票用紙が平らな状態で積み重なっているというわけ。

ステンレスがサビない理由は？

ステンレスの主原料は鉄。それなのに、サビない理由はクロムの膜に覆われているからである。

ステンレスは、鉄とクロムやニッケルなどの合金。鉄の表面をクロムが膜となって覆い、ニッケルがサビ防止効果を高めている。そのため、ステンレス製品がサビることはまずなくなるのだ。

ただし、ステンレスを作るには、鉄サビを必要とする。鉄とクロムとだけではうまく結びつかず、両者をくっつけるには鉄サビが必要なのだ。クロムはサビた鉄の表面にくっつき、鉄の表面を覆っているのだ。だから、鉄はクロムに覆われた内部で、すでにうっすらサビた状態にあるといえる。

リトマス試験紙の原料は？

リトマス試験紙は、酸性かアルカリ性かを調べるための試験紙。その試験紙の主原料となるのは、コケである。地中海の海岸で採取されるリトマスゴケには、リトマスという紫色の色素が含まれていて、この色素は酸性で赤色、アルカリ性で青色に変色する。14世紀の初め、スペインの化学者デ・ビラノバがこのことを発見、そのリトマス現象を利用したのがリトマス試験紙である。

リトマス試験紙の製造は、リトマスゴケを炭酸カリウムで煮ることからはじまる。煮汁にアンモニアを加えて発酵させると、リトマス色素を取り出せる。それを濾紙にしみこませたものが、リトマス試験紙というわけ。

金色の印刷には、どんな材料が使われている？

金色に印刷するとき、むろん本物の金が使われるはずもない。おもに使われているのは、真鍮の粉末である。かつては、茶色系の色で印刷した上に、真鍮の粉末をふりかけていたが、今は真鍮の粉末をインク化して印刷している。真鍮製のインクが光を反射すると、人の目には金色に見えるのだ。

なお、銀色に印刷する場合は、アルミニウムの粉末が使われている。

ゴルフボールの表面にくぼみがある理由は？

ゴルフボールの表面には、多数のくぼみがついている。それらのくぼみは「ディンプル」と呼ばれ、ボールを遠くまで飛ばすためにつけられている。表面の滑らかなボールと、ディンプル付きボールを同じ条件で打つと、滑らかなボールは、ディンプル付きの3分の2くらいしか飛ばないのだ。

ディンプル付きの飛距離が伸びるのは、空気抵抗が弱くなるから。表面が滑らかだと、飛んで行くとき、ボール後方に空気の渦ができる。すると、ボール後方の圧力が下がり、前方からの空気抵抗にボールは弱くなる。そのため、飛距離が伸びないのだ。

一方、ディンプル付きは、後方で渦ができにくく、後方の圧力があまり下がらない。その分、前方の空気抵抗に対抗する力が大きくなるのだ。また、ディンプルのあるボールのほうが、回転しやすく、揚力が大きくなるという効果もある。

火災報知器はどうやって火事を発見する？

火災報知機が火事を発見する方法は、おおむね3つに分かれる。

第一は「熱感知型」で、これは室内温度の上昇を感知する方法だ。

第二の方法は「煙感知型」。感知器はレーザー光を発していて、煙が発生すると、レーザー光が煙粒子に当たって乱反射する。そこから、煙の発生を感知するのだ。

そして3つめは「炎感知型」。炎からは特有の波長や赤外線が出るので、それらを感知して火事発生を発見するという仕組みだ。

合板は、木材同士をどうやってくっつけている？

合板（ベニヤ板）は、その名前どおり、何枚かの板をくっつけ合わせて、強度を高めたもの。では、木材同士をどうやってくっつけるかというと、接着剤が使われている。

合板用の接着剤には、古くから膠（にかわ）が使われていたが、20世紀になると、合成樹脂接着剤が登場、フェノール樹脂やメラミン樹脂などの合成樹脂接着剤が使われるようになる。

これらの接着剤には、熱によって硬化する性質があるので、合板に接着剤を塗った後、110～135度に加熱しながら、合板を圧縮していく。すると、接着剤が熱硬化し、合板同士がしっかりくっつき合って、一枚板のようになるのだ。

磁石は、名前のとおり「石」なのか？

磁石は、石ではなく、科学的には金属といえる。鉄などの金属が磁気を帯びたもののことであり、天然に磁気を帯びているものもあれば、人工的に磁気を帯びさせたものもある。

〝天然物〟の代表格は、磁鉄鉱。鉄の酸化鉱物のひとつであり、科学的には金属といえる。ただし、見かけは石のような状態で産出するので、素人目には石にも見える。

一方、人工的に磁気を帯びさせた磁石の代表格は、フェライト磁石。フェライトとは酸化鉄のことであり、要するに鉄のサビのこと。サビに磁性をもたせたものが、フェライト磁石だ。

永久磁石は本当に〝永久〟にもつのか？

ネオジム磁石などは「永久磁石」と呼ばれることもあるが、現実には磁力が永久にもつわけではない。年間0・1～0・22％程度ではあるが、磁力は弱くなっていく。

たとえば、ネオジム磁石は、空気に触れるうちにサビはじめ、微小磁石の列が乱れやすくなる。永久磁石は、無数の微小磁石を整列させたものといえ、その列が乱れると、磁力が落ちていくのだ。

また、永久磁石は、高温にさらされたときも、微小磁石の整列が乱れて磁力が弱くなる。

それでも、フェライト磁石などに比べると、磁力の低下がきわめてゆるやかなので、「永久磁石」と呼ばれるのだ。

手術用の体内で溶ける糸の〝原料〟は？

手術用に使う糸には、人間の体の中で溶けるタイプがある。そのタイプは「吸収糸」と呼ばれ、１９７０年代にアメリカで開発された。体内にしばらく残っていても害がなく、時間がたつと溶けてしまうので、抜糸の必要がないというわけだ。主原料には、乳酸菌など、人体の中にもともと存在する素材が使われている。

吸収糸が体内に入ると溶けるのは、水分に触れると、つながっていた分子がバラバラになる「加水分解」と呼ばれる性質をもたせているから。手術で血管や組織などを縫い合わせた後、吸収糸は水分に触れると、徐々に分解し、最後には吸収されて消えてしまうというわけだ。

サイレンサーを付けると、銃声を消せるのは？

銃声は、おもに2つの音から成り立っている。ひとつは、弾丸が飛ぶことによる衝撃音、もうひとつは、燃焼ガスの噴出音である。弾丸を発射すると、燃焼ガスが銃口から一気に噴出し、急激に膨張する。そのとき、破裂音が響くのだ。

この燃焼ガスの破裂音は、サイレンサーを装着すれば、ある程度はおさえられる。サイレンサーは、バッフルと呼ばれる細かな空気室を多数備えた構造になっていて、銃の先端部に取り付けると、燃焼ガスを拡散することができる。それによって、噴出音をおさえられるのだ。

ただし、サイレンサーでは、弾丸の衝撃音はおさえられないので、銃声を完全に消すことはできない。

4

人体・健康

体重計は、体脂肪率をどのように測っている？

体重計は体脂肪率をどのように測っている？

体脂肪率の測定には、体脂肪がほとんど電気を通さないことが利用されている。一方、筋肉はひじょうに電気を通しやすい。

そこで、体重計は、人がその上に乗ったとき、足元から微弱な電流を流して、体内の電気抵抗を測定している。その数値をもとにして、体重計にそなわっているマイコンが体脂肪率を計算するという仕組みになっている。

失恋すると、食事ものどを通らなくなるのは？

失恋したときは、食欲がなくなるもの。なぜだろうか？

失恋してストレスをにさらされると、その刺激は視床下部に影響を与える。視床下部は自律神経系の中枢なので、交感神経を通じて副腎髄質からアドレナリンが分泌し、交感神経の緊張をさらに高めることになる。

消化器系の臓器は、副交感神経によって機能しているため、交感神経の緊張が高まると、消化器系の機能は低下する。つまり、消化能力が落ち、食欲がなくなることになるのだ。

睡眠中、体がストンと落ちる感じがするのは？

眠っているとき、体がストンと落下するような感じがすることがある。それは「スリープ・スターツ」と呼ばれる現象で、疲れがたまったときなどに起きやすくなる。「ストン」と落ちたとき、人間の体に何が起きているかというと、足の筋肉が攣縮（れんしゅく）を起こしてビクッっとなっているだけのこと。攣縮は、筋肉が急激に収縮し、また急速に弛緩する現象のことである。

スリープ・スターツが起きるのは、全身が弛緩した状態で眠っているときに、この攣縮が起き、一部の筋肉が急に動くためといえる。その情報が脳にフィードバックされると、脳は一種の錯覚状態に陥り、ストンと落ちるような感覚として受け止めるというわけだ。

怒ると、本当に頭に血がのぼるか？

「怒りで頭に血がのぼる」という表現もあるように、激しく怒ると顔が真っ赤になるもの。これは本当に血液が頭にのぼるからで、そのことは医学的にも実証されている。

人が怒ったときは、脳幹にあるＡ６神経が、〝怒りのホルモン〟とも呼ばれるノルアドレナリンを大量に分泌する。すると、血圧が上昇し、脳内の血液量が増える。つまり、このホルモンの作用で、頭に血がのぼって顔が赤くなり、額の血管はふくらみ、浮き上がるというわけである。

鼻が詰まると、味がわからなくなるのは？

風邪をひいて、鼻が詰まっていると、なぜか味がよくわからなくなるもの。これは、料理のおいしさを感じるには、味覚（舌）だけでなく、嗅覚（鼻）も重要な役割を果たしているから。匂いを感じとれないと、微妙な味わいがわからなくなるうえ、食欲も落ちてしまうのだ。

匂いを感じる器官は、鼻腔の奥にある「嗅球」という部位。嗅球がキャッチした匂いは、電気信号として大脳に伝えられ、大脳が「おいしそうな匂い」と判断すると、脳は消化器系の各器官へ指令を送る。すると、唾液や胃液の分泌が促進されるうえ、食欲も湧いてくる。

ところが、鼻が詰まっていると、鼻腔の奥にある嗅球まで匂いが届かなくなり、大脳への信号も送られなくなって、ご馳走を前にしても食欲が湧かないという事態に陥るわけだ。

冷たいものに触ると、痛みを感じるのは？

ひじょうに冷たいものを触ると、冷たいを通りこして、痛みを感じることがある。なぜだろうか？

人間の皮膚上には「感覚点」が散らばっている。感覚点には触点、痛点、圧点、冷点、温点の5種類があり、痛みの刺激には痛点、冷たい刺激には「冷点」が反応する。

たとえば、冷たいものを触ったときには、「冷点」が「冷たい」という感覚を生じさせる。その冷点は、ドライアイスのような、人体にとって危険なほどに冷たい物質を触っても、「冷たい」という感覚しか引き起こさない。それでは、人体にとって危険なので、そういう場合には「痛点」も参加する。痛点は、皮膚に害を及ぼしそうな刺激を受けると働きはじめ、冷たさであっても「その刺激は危険」と判断すると、痛みを引き起こして、体全体に警戒を呼びかけるのである。

くさいと感じても、しばらくすると〝慣れる〟のは？

くさいと感じても、しばらくすると悪臭が気にならなくなるのは、なぜだろうか？

そもそも臭い(におい)は、臭いを生み出す物質の分子が空気中を漂って鼻に入り、鼻腔の奥にある嗅球などを刺激することによって生まれる感覚。ところが、人間の感覚器官は、刺激を受けると、最初の刺激に対しては敏感に反応するが、同じ刺激が何度も繰り返されると、脳に伝えるインパルスを減少させるという性質がある。

また、脳のほうも、同様のインパルスを繰り返し受け取ると、しだいに反応を鈍らせる。だから、最初は「くさい」と感じても、しばらくすると気にならなくなるというわけである。

恐怖に襲われたとき、顔から血が引くのはなぜ？

恐怖を感じると、顔から血の気がひいて真っ青になるのはなぜだろうか？

これは、恐怖を感じたときに、逃げるなり戦うなりの行動を起こすための準備といえる。人間は恐怖を感じると、自律神経のうちの「交感神経」が働き、体全体が緊張状態になる。ノルアドレナリンやアドレナリンなどのホルモン物質が分泌され、各器官に働きかけ、体にさまざまな変化を生じさせる。心臓の鼓動は激しくなり、瞳孔は大きく開き、皮膚の毛は逆立ちするという具合だ。

顔から血の気が引くのも、そうした現象のひとつ。血の気が引き、真っ青に見えるのは、末梢神経の収縮によって血管が細くなるため。血管を流れる血流量が少なくなって、顔から赤味が消えるというわけである。

声の質を決定するものは何？

美声やだみ声など、人の声の質はどうやって決まるのだろうか？

声は、のど仏の奥にある声帯が振動して出る音であり、声の高さは声帯の振動数や緊張の度合いによって決まる。

一方、声の音色は共鳴腔の形によって決まる。共鳴腔は、声を共鳴させる空洞のことで、咽頭や口腔、鼻腔からなる。声の音色は、この共鳴腔というスペースがどう使われるかによって変化する。

噂の「臍帯血（さいたいけつ）」はどうやって集められている？

「臍帯血」は、母体と胎児を結ぶ臍帯（へその緒）や胎盤の中に含まれている血液のこと。白血病の治療などに、効果を発揮している。

臍帯血には造血幹細胞がたっぷり含まれているので、白血病患者らに臍帯血を移植すると、正常な血液をつくる能力を回復させることができるのだ。

では、その臍帯血は、どのようにして集められているのだろうか？　基本的には通常の献血と同じで、妊娠中の女性に協力を要請して集めている。臍帯に針を刺して採取するが、母親や胎児が痛みを感じることはないという。

マイコプラズマって、何者？

近年、「マイコプラズマ」が引き起こすカゼや肺炎が流行している。インフルエンザのような高熱は出ないが、微熱と乾いたせきが長く続くのが特徴だ。

マイコプラズマは、インフルエンザのようなウイルスではなく、70種類以上の細菌の総称。マイコプラズマの仲間は、人体の中に常時十数種類はいて、肺以外の場所では人間と共存している。つまり、病気を引き起こすことはない。

ところが、肺にはいると、マイコプラズマが人体を攻撃するわけではないのだが、人体に備わった免疫系が過剰反応を起こし、熱やせきが出る。重症化すると、肺炎を引き起こすこともあるので要注意だ。

なぜ潜水病にかかるのか？

深海から一気に浮上するのは、ひじょうに危険である。深い海から急浮上すると、体にかかる水圧が一気に低下する。すると、血液中に溶けていた窒素が気泡化して血管をつまらせ、さまざまな症状が生じる。そのため、いわゆる「潜水病」は、医学的には「減圧症」と呼ばれる。

症状は、軽い場合は、気泡が生じた関節、筋肉などが痛む程度。重くなると、激痛が走り、歩けなくなる場合もある。さらに、気泡が血流に乗って移動し、別の場所で詰まると、呼吸困難、胸の痛み、めまい、耳鳴り、意識障害などの症状が現れる。場合によっては、後遺症が残ったり、死に至ることもある恐ろしい疾患だ。

ビフィズス菌は、なぜお腹にいいのか？

ビフィズス菌は、腸内にすむ善玉菌。乳酸や酢酸を作りだして、腸内細菌のバランスを整えてくれる。

人間の腸内には、ビフィズス菌以外にもいろいろな細菌がすんでいて、健康なときはそれらの腸内細菌が適度なバランスを保っている。しかし、何らかの原因によって、善玉菌が減ったりしてバランスが崩れると、下痢を起こすなど、お腹の調子が悪くなる。

そんなとき、ビフィズス菌は、乳酸や酢酸を作ることによって、腸内細菌のバランスを正常に戻してくれるのだ。また、ビフィズス菌には、腸内部を酸性にして有害な細菌を増やさないという力もある。

大酒を飲むと、右の肋骨の下が痛むのは？

「沈黙の臓器」とも呼ばれる肝臓。多少の機能低下では自覚症状が現れにくく、病状がかなり進んでから、初めてさまざまな症状が現れる。

その肝臓は、右肋骨の下にある。大酒を飲んだりすると、右肋骨の下が痛み出すのは、肝臓が悲鳴をあげているシグナルといえる。それは自覚症状の表れといえ、すでに脂肪肝などが進行している可能性が高いとみたほうがいい。右肋骨下あたりに違和感を覚えるのは、沈黙の臓器である肝臓がかたい口を開いた証拠といえるのだ。

天気が悪くなると、古傷が痛むのは？

古傷が天気の変化によって痛み出す理由はごく単純。その傷が完全には治っていない、少なくとも元の状態には戻っていないからだ。

そもそも、人間の体は、骨折などによって傷つくと、表面的には傷が癒えても、組織の内部まで完全に元通りになることはない。そのため、ふだんは痛みを感じなくなっていても、天気が悪かったり、季節の変わり目になると、以前とは違う状態の部位がシクシクと痛み出すというわけだ。

一流スポーツ選手が意外に体が弱いのは？

「過度の運動が免疫力を弱める」ことは、現代医学の常識だ。

免疫機能に関しては、白血球が大きな役割を担っている。白血球は、顆粒球、単球、リンパ球の三種類に分けられるが、過度の運動をすると、顆粒球、単球の機能が低下するうえ、リンパ球の数が減ってしまうのだ。

たとえば、遠泳、長距離走、自転車レースを続けて行うトライアスロン競技の前後で、リンパ球数を測定したところ、多くの選手のリンパ球が約20％減ることがわかっている。

というわけで、過度な運動をすると、免疫力が落ちることになり、風邪をひきやすくなったり、重い病気にもかかりやすくなるのである。

うたた寝をすると、風邪をひきやすいのは？

人間の体には、周囲の環境変化に合わせて対応する機能が備わっている。それは自律神経の働きによるものだが、睡眠中はその働きが鈍くなる。

そのため、夜眠るときには、布団をかけるなどの準備をしてから眠るわけだが、そうした準備をしないで、うたた寝してしまうと、周囲の温度変化に十分に対応できなくなって、体温を失うなどして、風邪をひくことになりがちなのだ。

人間も、冬になるとすこしは毛深くなっているか？

冬場、多くの動物の体毛は、冬毛に生え変わる。では、人間も、冬になると、すこしは毛深くなっているのだろうか？

人間は、進化の過程で、体毛によって寒さから身を守るという機能を失っている。そのため、現在の人間は、冬場、体毛が濃くなるということはない。人間は、長らく衣類を着て生活してきたので、今は体毛によって温度変化に対応するという能力を失ったというわけだ。

なぜ胆石ができる？

胆石症は、右上腹部に激しい痛みを引き起こす病気。なぜ体の中に胆石のような石ができるのだろうか？

それは、不要物を含んだ胆汁が石化するため。胆汁は、胆汁酸やコレステロール、ビリルビン、リン脂質などによって構成される消化液。肝臓で生成された後、胆嚢に集められ、必要に応じて分泌されている。消化吸収には胆汁酸のみが使われ、残りは不要物として体外に排出される仕組みだ。

ところが、それらの不要物がちゃんと排出されず、時間がたつうちに石化することがある。それが、胆石の〝原材料〟になる。

多くとりすぎると危険なビタミンって？

ビタミン剤のとり過ぎで害になるかどうかは、水に溶けるか、油に溶けるかによって違ってくる。まず、ビタミンC、ビタミンB群は、水に溶ける「水溶性」なので、摂取しすぎても尿と一緒に排出されるため、問題は生じない。ただし、ビタミンB群のなかでも、ビタミンB_6はとりすぎると害が出ることもあるので、とりすぎに注意したい。

一方、ビタミンA、ビタミンDなどの「脂溶性」ビタミンは、尿からは排出されにくいため、肝臓などの臓器に蓄積され、過剰症を引き起こす原因となる。というわけでサプリメントを飲むときは、決められた量、回数を守るようにしたい。

ビタミンB群の「群」って何？

薬局のサプリメントコーナーに行くと、ビタミンBは「B群」として販売されている。なぜ、ビタミンBは「B群」とひとくくりにされるのだろうか？

ビタミンBの仲間には、B_1、B_2、B_6、B_{12}、ナイアシン、パントテン酸、葉酸、ビオチンの8種類があり、それらは「ビタミンB群」と総称されている。

これらのビタミンBの仲間は、単体では効果を発揮しにくく、互いに関係し合って機能している。ひとつでも欠けると、ほかのビタミンの効力もストップし、うまく機能しなくなってしまうのだ。そこで、ビタミンBの仲間は「ビタミンB群」として、まとめて販売されているのだ。

石頭の「硬度」はどれくらい？

鉱物の硬さを調べる際には、ふつう「モースの硬度計」を使い、10種類の既知の鉱物で順番に引っかいてみて、傷つくかどうかによって硬さを調べる。

モースの硬度計に使われている鉱物を軟らかいものから順番にあげると、（1）滑石、（2）石膏、（3）方解石、（4）蛍石（ほたるいし）、（5）燐灰石、（6）正長石、（7）水晶、（8）黄石、（9）鋼玉（コランダム）、（10）ダイヤモンドの順になる。

では、人間の石頭は、どのあたりに位置するかというと、石膏よりは硬いが、方解石よりは軟らかいというあたり。およそ2・5程度の「硬度」に相当する。

100度のサウナで、やけどをしないのは？

100度の風呂に入ると大やけどを負うが、同じ100度でも、サウナならしばらくの間は耐えられるもの。どうしてだろうか？

これは、液体と気体では、熱の伝わり方が違うことによる。そもそも、温度が高いということは、物質の構成分子が激しく不規則運動をしているということ。そして、人が熱いと感じるのは、その熱を帯びた分子が皮膚にぶつかり、感覚器官を刺激するためである。

ところが、同じ高温でも、気体と液体では、分子間の距離が大きく違う。気体のほうが分子間の距離が長く、まばらであるため、皮膚に接触する分子数は、液体よりも少なくなるのだ。そのため、同じ100度でも、空気（気体）を加熱したサウナは、熱を帯びた分子数が少ないため、人は熱湯ほどには熱くは感じないし、やけどすることもないのである。

日焼け止めが日焼けを防ぐ仕組みは？

人が日焼けするのは、紫外線を浴びるから。逆に日焼け止めクリームが日焼けを防ぐのは、その紫外線の影響をカットするからである。その方法は、大きく2つに分かれる。

ひとつは、微粒子が塗布膜を作り、紫外線を散乱させてカットするタイプ。これは「ノンケミカル」と表示されているタイプで、微粒子（粉末）を顔につけることになるため、顔が白っぽくなったり、何度も塗りなおす必要がある。

もうひとつは、オキジベンジンなどの有機化合物によって、紫外線を吸収するタイプ。こちらは顔に塗っても色がつかず、紫外線防止効果も大きいが、人によっては肌が荒れることがあるのが難点とされている。

座って勉強しているだけで、腹が減るのは？

人体がエネルギーを消費するのは、筋肉を使って運動したときだけではない。頭を働かせたときも、かなりのエネルギーを消費する。大脳皮質はブドウ糖だけをエネルギー源とし、しかもかなりの〝大食い〟なのだ。

人間の脳の重さは、体重全体の２％ほどだが、脳の酸素消費量は、体全体の消費量の40％にものぼる。ブドウ糖にいたっては、体全体の75％も消費しているのだ。

そのため、脳をフルに使って勉強や仕事をしているときは、ブドウ糖がどんどん消費されている。すると、血糖値が下がり、お腹が空いたと感じるわけである。

蚊に刺されると、なぜかゆくなる？

人の血液には、空気に触れると固まる性質がある。むろん、血が固まると、蚊は人間の血を吸うことができなくなってしまう。

そこで、蚊は、自分の唾液に、人間の血液が固まらないような物質をまぜて、人間の皮膚に注入し、そのあとで血を吸い出している。

その際、人間の体では、蚊に注入された唾液の成分によって、アレルギー反応が生じる。それが、皮膚のかゆみとなって現れるというわけだ。

人間の体は、いくつの骨からできている？

体の上部から骨の数を数えていくと、まず頭蓋骨はひとつの骨ではなく、23個の骨によって構成されている。

次に、脊柱（いわゆる背骨）は、頸椎、胸椎、腰椎、仙椎、尾骨などからなり、その数は26個。胸郭は心臓や肺、胃など重要な臓器をおさめる骨格のことで、肋骨24個、胸骨1個から構成されている。

さらに、上肢骨は、肩、腕、手指の骨などの骨で64個。下肢骨は、骨盤と足の骨のことで63個ある。これに、耳のなかの小さな骨「耳小骨」6個を足すと、人間の体を支えている骨は、総計206個ということになる。

骨の内部はどんな構造になっている？

人間の骨は、大きく分けて「海面骨」と「緻密質」の2つから構成されている。内側にあるのが、スポンジのように小さな穴がたくさん開いた「海面骨」。外側は密度が高い「緻密質」だ。また、骨の表面はむきだしではなく、「骨膜」という薄い膜に包まれ、神経や血管は骨自体ではなく、この骨膜に分布している。

そして、骨の中心部には、血液のモトをつくる骨髄が詰まっている。骨髄はいってみれば血液の工場で、毎日約2000億個もの赤血球や白血球、血小板が、そこでつくられている。

背骨はなぜ曲がっている？

人の背骨は、かるくS字型のカーブを描いている。これは、なぜだろうか？

人の体には、歩くたびに衝撃がかかっている。その衝撃を受け止め、和らげるため、背骨はS字カーブを描いている。もし、背骨がまっすぐだとすると、一歩歩くごとに、体全体が大きな衝撃を受けるはずだ。たとえば、段差から降りて着地するとき、背骨がまっすぐだと、足が受けた衝撃が内臓や頭（脳）にダイレクトに伝わってしまう。

実際には、S字型の背骨がクッションとなって衝撃を受け止めているので、内臓や頭に大きな負担をかけることなく、着地できるのだ。

人が味を感じる仕組みは？

舌の表面はざらざらしているものだが、それは表面に小さな突起が散在しているため。それらは乳頭と呼ばれ、ひとつの乳頭には「味蕾」という味覚を感じる組織が約２００個ずつあって、舌全体では約１万個の味蕾が存在する。その味蕾によって、人は味を感じとっている。

食物を口に入れて噛むと、その食物に含まれる味成分が水分や唾液に溶け、口の中に広がる。すると、味蕾の先端にある味孔という穴から、味成分が入りこみ、味蕾の中にある細胞へと伝わっていく。その細胞が味を感じとり、大脳へ刺激を伝えて、人は味を感じとるというわけだ。

音が聞こえる仕組みは？

人間の耳に届いた音は、まず外耳道を通って、鼓膜に伝わる。鼓膜は、大きな音のときは大きく、小さな音のときは小さくと、音の大きさに合わせて振動する。その振動は、鼓膜のそばにある耳小骨へ届く。耳小骨には、つち骨、きぬた骨、あぶみ骨の3種類があり、音はそれらの骨を経由するうち、大きすぎる音は小さく、小さすぎる音は大きくなるように調節される。

こうして、耳小骨を通る際、ほどよい大きさになった音は、内耳へと伝えられる。そこで、蝸牛（かぎゅう）という器官で、音は電気信号に変えられる。その電気信号は蝸牛から神経を通じて大脳へ送られ、人間は耳からはいってきた音を認識することになる。

ゲップの原因は？

炭酸飲料を飲んだあとなどには、ゲップが出るもの。なぜ、出るのだろうか？

人はものを食べるとき、食べ物とともに空気も飲み込んでいる。飲み込んだ空気は胃に流れ込み、その空気が一定量を超えると、胃はそれらを外へ押し出そうとして、胃の入り口である噴門が開く。すると、そこから、胃の中の空気やガスが噴き出し、ゲップとなる。つまり、ゲップとは、胃内部を減圧するための空気の逆流現象なのだ。

炭酸飲料を飲むとゲップが出やすくなるのは、飲料に含まれている二酸化炭素が胃にたまるからである。

大人なら知っておきたい10人の科学者――その2

アルベルト・アインシュタイン（1879～1955）

アインシュタインといえば、相対性理論で有名な20世紀を代表する物理学者。彼は1879年、ドイツ南部に生まれ、ミュンヘンで育つ。スイスのチューリッヒ工科大学に入学するが、大学に残ることはできず、特許庁の下級役人になった。

仕事はさほど忙しくはなかったので、彼は仕事は午前中に片づけ、午後は理論物理学に関する思索に没頭した。3年後の1905年、アインシュタインは、重要な3つの論文を発表する。「光量子論」「ブラウン運動論」、そして「特殊相対性理論」である。この年は、後に「奇跡の年」と呼ばれることになる。

3論文のなかでも、とりわけ重要なのは「特殊相対性理論」だが、後年、彼へのノーベル物理学賞は「光量子論」に対して与えられたものだった。要するに「相対性理論」は、斬新すぎてすぐには受け入れられなかったのだ。それでも、アインシュタインは1912年には母校のチューリッヒ工科大学の教授に就任した。

さらに彼は、1914年から1915年にかけて、特殊相対性理論をさらに発展させて「一般相対性理論」を完成する。

その後、アインシュタインは、世界のすべての事象をひとつの理論で説明する「統一理論」の完成に生涯をかけて挑んだが、これはついに達成できなかった。

晩年のアインシュタインはアメリカで暮らし、第二次世界大戦が勃発すると、彼はドイツより先に原爆を開発するよう、アメリカ政府に進言する。それがきっかけになって、マンハッタン計画（原爆製造計画）がスタートした。戦後は一転、核兵器の廃絶を訴えるが、1955年、大動脈瘤破裂により、76歳で亡くなった。

ジョージ・ガモフ（1904～1968）

ガモフは、宇宙は大爆発によって生まれたとする理論、いわゆる「ビッグバン理論」を提唱した宇宙物理学者。現代の宇宙論の扉を開いた人物といえる。

彼は1904年、帝政時代のロシア（今はウクライナ）のオデッサで、高校教師の子として生まれた。レニングラード大学やケンブリッジ大学などで学んだ後、1934年、アメリカのジョージ・ワシントン大学教授に就任。1948年、「α-β-γ理論」を発表した。これは宇宙の核反応段階に関する理論で、後のビッグバン理論につながるものだった。

ガモフは、150億年前に、高温・高密度の物体が大爆発し、以後、膨張するにつれて、しだいに冷えていき、星ができていったという、「火の玉宇宙」という考えを提示した。ガモフの理論は、当時の学会では認められず、嘲笑され、「ビッグバン（爆発音のこと）理論」と呼ばれた。つまり、ビッグバンというのは、最初は蔑称だったのだ。

しかし、1965年、ガモフの理論の証拠となる電波などが発見されると、評価は一転した。それを見届けたかのように、ガモフは1968年、交通事故で亡くなった。

ジェームズ・ワトソン（1928〜）

ジェームズ・ワトソンは、フランシス・クリックとともに、DNAの二重らせん構造を発見した分子生物学者。現在、最も刺激的な科学分野を切り開いた科学者といえる。

ワトソンは1928年、シカゴに生まれ、シカゴ大学に入学する。当時、遺伝子の正体がDNAであることはわかっていたものの、その分子構造は不明だった。彼はそれを解明しようと、イギリスのケンブリッジ大学のキャベンディッシュ研究所に入り、クリックと出会う。

1951年の段階で、ワトソンとクリックは、DNA分子の模型（モデル）を作って、二重らせん形ではないかという推論に達した。イギリスの科学週刊誌「ネイチャー」に二人の論文が掲載されると、世界中の学者がこれを認めた。

こうして、本格的な研究を始めてからわずか一年半で、ワトソンとクリックは、DNAの構造を突き止めたのである。1962年、二人はノーベル医学生理学賞を受賞した。

DNAの正体を突き止めるまでを回想した著書『二重らせん』（講談社）は、いまも読まれ続けているロングセラーである。

北里柴三郎（1853〜1931）

北里柴三郎は、日本が生んだ世界的な細菌学者。熊本に生まれ、熊本医学校を経て東大医学部を卒業。34歳のとき、ドイツに留学する。

北里は、細菌学の世界的権威コッホのもとで、ドイツ滞在4年目から、破傷風菌の研究をはじめる。その研究によって、血清療法の基礎を固め、北里の名は世界に知られることになった。北里はその功績によって、1901年第1回ノーベル賞候補にあげられたが、受賞には至らなかった。

40歳で帰国した北里は、日本にも伝染病研究所を作ろうと計画していたが、先輩学者のねたみと嫉妬にあって困窮した。その窮状を救ったのは、福沢諭吉だった。福沢は、自らの土地を提供、私財をなげうって、北里を所長とする私立伝染病研究所を建設する。

これが実を結んで、北里は1894年、世界で長いあいだ死の病として恐れられてきたペスト菌を発見。さらに1897年には、新入所員である志賀潔によって、赤痢菌が発見された。

湯川秀樹（1907〜1981）

湯川秀樹は、日本初のノーベル賞（物理

学賞）受賞者。後年には、核兵器の廃絶を訴えるなど、平和運動に積極的に関わったことでも知られる。

湯川は１９０７年、東京の麻布に生まれ、1歳のとき、父親の京都帝国大学の教授就任にともなって、京都に移住した。京都帝国大学の理学部を卒業後の25歳のときに湯川家の婿養子になり、小川姓から湯川姓になった。

その3年後の１９３５年、湯川は、英文で「素粒子の相互作用について」という論文を発表する。それこそ、当時世界で誰も考えていなかった「中間子」の存在を予言する画期的な論文であり、後に彼をノーベル賞へと導く理論だった。

ところが、湯川が立てたこの仮説は、発表当時はほとんど反響を呼ばなかった。第二次世界大戦が勃発し、その説の検証どころではなくなり、湯川自身も、しばらくは別の研究に専念していた。

しかし、１９３７年、宇宙からやってくる粒子（宇宙線）の中から中間子が発見されると、湯川の理論がぜん脚光を浴びる。

そして、第二次世界大戦後の１９４７年、イギリスの学者によって湯川の理論の正しさが実証される。そして１９４９年、湯川はこの業績により、日本人として初のノーベル賞を受賞した。敗戦からまだ4年、戦争の傷が癒えていない日本にとって、このニュースは大きな希望の光となった。

5 物理・化学

「周期表」の誕生をめぐるウソのような本当の話とは？

エレベータの中で、モノを秤にかけると重量は変わる？

エレベータの中に秤を置いてモノの重さを量ると、普通の状態で量るときとは別の数字が出る。

まず、エレベータが降りはじめた瞬間、モノは通常よりも軽くなる。そして、エレベータが同じ速度で下降している間は、ふだんと同じ値になるが、エレベータが止まる瞬間には普通よりも重くなる。

これは「慣性の法則」が働くから。エレベータが降りはじめたとき、モノは慣性の法則によって、一瞬、静止状態を保とうとする。その瞬間、モノは宙に浮いたような状態になり、その分、重さが軽くなる。一方、エレベータが止まるときは、やはり慣性の法則によって、モノはまだ下に動こうとする。その分の圧力が秤にかかり、重くなるのだ。

鳥籠の中で鳥が飛んでいるときの鳥籠全体の重さは？

次に、小鳥を密閉容器の中に入れて、その重さを量ってみるとしよう。その小鳥が密閉容器の中で飛び回っているとすれば、重さはどうなるだろうか？

その場合、たとえ小鳥が飛び回っていても、小鳥が着地しているときと同じ重さを示す。それは、小鳥が密閉容器内で羽ばたいているから。上昇気流のないところで、鳥が飛んでいるときは、翼を動かして、空気を下方に押し込んでいる。羽ばたくことによって生じた空気圧は、小鳥が着地しているときと同様に容器や秤に加わる。そのため、小鳥が飛んでいても、鳥籠全体の重さは変わらないのだ。

重力は場所によって違うのか、違わないのか？

重力は、地球上どこでも同じ力が働いているわけではなく、場所によって少しずつ違う。基本的に、重力は、地球の中心から遠い場所ほど小さくなる。

そもそも、地球は完全な球体ではなく、赤道周辺が少しふくらんだ形をしている。つまり、赤道周辺のほうが北極・南極よりも、地球の中心から若干遠いのだ。その分、重力は小さくなり、平均して、赤道周辺の重力は極周辺の重力よりも、0・5%ほど小さい。

また、標高によっても重力は違い、高山の頂上に近づくほど、地球の中心とは遠くなるため、重力は小さくなる。厳密にいうと、標高が1メートル高くなるにつれて、重力は約0・00003%小さくなる。

空気よりも重い二酸化炭素は、なぜ地表にたまらない?

二酸化炭素の比重は、1・53。すると、地表に二酸化炭素がたまって、人間や動物が呼吸できなくなることもありうるのだろうか?

現実には、二酸化炭素が地表にたまって、人間を窒息死させることは、まずありえない。それは、空気はつねに対流して、動いているから。二酸化炭素の分子も、空気中で一か所にとどまることはないのだ。

しかも、二酸化炭素は、空気中にわずか0・03％しかない。そんな二酸化炭素が、人間の致死量である10％もたまることは、まず考えられないのだ。

導体、半導体、絶縁体の違いは？

金、銅、鉄など、電気をよく通す物質は「導体」。ダイヤモンドやガラスなど電気をほとんど通さない物質は「絶縁体」。そして、それらの中間にあるのが、シリコンに代表される「半導体」だ。

それらの違いは、内部の構造にある。電気を通すかどうかは、物質内で電子が自由に動けるかどうかにかかっている。絶縁体の場合、電子はほとんど動けない。電子が動けなければ、電流は生じない。

一方、導体は、物質内部で電子が自由に動き回ることができ、電気をよく通す。

半導体内部では、電子は動けるものの、活発には動けない。そのため、電気伝導率が導体と不導体の中間あたりになるのだ。

遠赤外線って、どんな赤外線？

遠赤外線こたつなどに利用されている遠赤外線は、赤外線の一種。電磁波のうち、目に見えるものが一般に「光」と呼ばれる。赤外線は人間の目に見えない電磁波の一種だ。その赤外線は、波長の長短によって、近赤外線、中赤外線、遠赤外線に分けられる。遠赤外線はもっとも波長が長く、〝目に見える光からは、最も遠い赤外線〟ということで、この名がついた。

遠赤外線は物体に浸透しやすく、物体内の分子運動を活発化させる力をもっているため、熱線として利用されている。遠赤外線こたつや遠赤外線を利用した調理器は、この性質を利用したものだ。

光の速さをどうやって計算した？

光の速度は、秒速約30万キロ、1秒間に地球をおよそ7周半する。そんな速さをどうやって計測したのだろうか？

まず、17世紀、ガリレオ・ガリレイが計測に挑戦し、失敗している。離れた2つの地点の間でランプの光を送り、その到達時間を計ろうとしたのだが、光があまりに速すぎるため、当時の技術では計測不能だった。

19世紀の半ばには、鏡と歯車を利用した計測法が考案された。光を歯車の歯と歯の間から鏡に向けて放つ方法だ。そのとき、歯車が静止していると、鏡に当たった光は歯車の同じ隙間を通って返ってくるが、歯車を高速回転させると、鏡から跳ね返ってきた光は歯車の歯の部分にさえぎられることがあり、戻ってこなくなる。その違いから、光の速度を計算し、光速にかなり近い数字を弾き出すことに成功した。

物体の三態とは？

固体、液体、気体という3つの状態を「物質の三態」と呼ぶ。この変化は、温度上昇とともに、原子同士の結びつきが緩くなることよって生じ、物体は固体から液体、やがて気体へと変化する。

たとえば、鉄は、摂氏1535度で、固体から液体へと変わり、2750度で液体から気体へと変わる。だから、溶鉱炉では1535度以上に熱し、鉄は液体に変えている。

酸素の場合は、ふだんは気体だが、固体や液体にも変化する。酸素はマイナス182・6度で、気体から液体へと変わり、マイナス218・4度で、液体から固体へと変わる。

半径10メートル以上のメリーゴーラウンドをつくれないのは？

遊園地のメリーゴーラウンドの大きさは、半径10メートル程度が限界。それ以上に大型化すると、安全性に問題が生じてしまう。

大型化するほどに、メリーゴーラウンドには大きな遠心力が働く。遠心力は、円の中心から遠いほど大きくなるため、中心から離れた木馬に乗った人ほど、強い遠心力を受けることになる。

たとえば、半径10メートルの木馬では、体重の15％の遠心力がかかってくる。体重60キロの人の場合、9キロもの遠心力がかかり、それは安全面からいってギリギリのラインだ。
それ以上に大きな遠心力がかかると、乗っている人はバランスを崩して、ころげ落ちかねないので、メリーゴーラウンドはそれ以上大きくすることができないのだ。

アスベストは、何がどう恐ろしいのか？

アスベストは、繊維状のケイ酸塩鉱物の総称。「石綿」とも呼ばれ、断熱性、不燃性、吸音性にすぐれているところから、かつては建材によく用いられていた。しかし、発ガン性があることがわかり、使用は禁止されているが、今もかつて使用されたアスベスト問題が尾を引いている。

アスベストは、粉塵となって浮遊しやすいので、人間は知らないうちに吸い込んでしまう。体内に吸い込まれたアスベスト粉塵は体内に蓄積され、やがてさまざまな病気を引き起こす。呼吸細気管支炎、肺胞炎症、肺繊維症、肺ガンや悪性中皮腫の原因になる。

古いビルでは、建材からアスベストが漏れ出していることもある。すると、知らず知らずのうちに粉塵を吸い込んでいることもあるのが、アスベストの怖さだ。

合金にすると、金属の性質が一変するのは？

２種類以上の金属や元素を組み合わせることで、性質が大きく変化することがある。たとえば、ジュラルミンは、アルミニウムに銅やマグネシウム、マンガンを混ぜた合金だが、アルミニウムよりもはるかに強度が高くなる。

合金になることで性質が変わる理由は、金属結晶の中に別の元素の原子がはいり込むこと。すると、金属結晶の強度が上がったり、電気抵抗に変化が生じるなど、金属の性質が変化することがあるのだ。むろん、悪い方向に変化したり、何の変化も現れないことも多いのだが、無数の実験が繰り返され、有効な変化が現れた合金だけが使われているというわけだ。

なぜ、木材は伐採して数百年してからの方が強くなる？

木材は伐採したてよりも、伐採から２００年、３００年後のほうが強度が高くなる。

なぜだろうか？

それは、木材に含まれるセルロースという物質の性質によるもの。セルロースは樹木細胞の7割を占める有機化合物で、分子が複雑にからみ合い、糸のようにつながりながら、束のようになっている。

生きている木は、水分を含んでいるため、セルロース同士の結びつきに、ゆるさが残っている。その水分が長い年月の間に少しずつ抜けていくと、セルロース同士の結びつきは強まり、最後には結晶化して強度は最強となる。そうなるまでには、2〜3世紀の時間がかかるのだ。

1円玉をこすり合わせると、黒い粉が出てくるのは？

1円玉同士をこすり合わせていると、黒い粉が出てくるのは、なぜだろうか？

1円玉は、銀白色の光沢を持つ金属、アルミニウムでできている。それなのに、その粉末が黒っぽく見えるのは、光の反射によるものだ。

そもそも、一円玉が銀色に光って見えるのは、アルミニウム製であるだけではなく、それがひとつの面を構成しているから。面が光を一様に跳ね返し、人間の目にはいってくる。その結果、一円玉は銀色に光って見えるのだ。

ところが、こすり合わせて粉末になると、成分は同じアルミニウムでも、光はばらばらに跳ね返されて散乱してしまう。すると、人間の目には黒っぽく見えるのだ。

「周期表」の誕生をめぐるウソのような本当の話とは？

元素の周期表を考案したのは、ロシアの化学者のメンデレーエフ。1869年、多くの元素が発見されていた時代、メンデレーエフは元素の系統だった整理を試みていた。

その最中、彼は、書斎でうたた寝しているとき、不思議な夢を見た。元素を表にまとめてあるような夢で、夢からさめたメンデレーエフは、その夢こそ、元素の相関関係を解くカギではないかと確信した。

そして彼は、元素を原子量の小さい順から並べるうち、一定の周期性があることに気づく。8番目ごとに、よく似た性質の元素が現れるのだ。メンデレーエフはそれを表として整理、それが周期表の原型となるものだった。

タマネギを切ると目がしみる本当の理由は？

硫黄分を含んだ温泉では、卵の腐ったような臭いが漂っているもの。あの臭いは、硫黄と水素の化合物、硫化水素が発する臭いである。

硫黄は食品にも含まれていて、ネギやにんにく、ニラ、タマネギの臭いも、硫黄化合物によるもの。タマネギを刻むと涙が出てくるが、それも硫黄を含む成分によって目がしみるためだ。

塩素（Cl）が水道やプールの殺菌に使われるのは？

塩素は、毒ガス兵器にも用いられるほどの猛毒。そうした塩素の特質を利用したのが、塩素による水道水の殺菌である。ただ、水道水の殺菌には、塩素単体ではなく、塩素の化合物の次亜塩素酸ナトリウムが使われている。

なお、よく水道水やプールの水を「カルキ臭い」というが、そのカルキとは石灰のこと。消毒に用いるさらし粉は、消石灰に塩素を加えたものであり、日本に入ってきたとき、クロールカルキと呼ばれることになった。そのため「カルキ臭い」といわれるようになったのだが、あの臭いは、カルキ（石灰）ではなく、クロール（塩素）の臭いである。

ウラン（U）と天王星（ウラヌス）の関係は？

核兵器にも原子力発電にも利用されるウランは、1789年、ドイツの化学者クラプロートによって発見され、「ウラヌス」にちなんで、ウランと名づけられた。

ウラヌスとは、ウランが発見される数年前に見つかった天王星「ウラヌス」のこと。もとは、ギリシア神話の天空の神の名である。

プルトニウム（Pu）と冥王星（プルート）の関係は？

プルトニウムは、天然にはほとんど存在せず、原子炉で人工的につくられる物質。1

940年に、カリフォルニア大学のグレン・シーボーグらによって発見された。

プルトニウムという名前は、先に発見されていたウラン＝天王星、次のネプツニウム＝海王星という流れに沿う形で、冥王星（プルート）にちなんで名づけられたもの。プルートは、ギリシア神話では「地獄の王」であり、プルトニウム発見のわずか5年後、プルトニウム原爆がつくられた。

酸素（O）の発見者が〝2人〟いるのは？

酸素を発見したのは、スウェーデンの化学者カール・ヴィルヘルム・シェーレ。1771年、彼は現在、酸素と呼ばれている物質を発見し、「火の空気」と名づけた。そして、彼は、大気は「火の空気」と「ダメな空気（窒素）」の2種類から構成されていると推測した。

ところが、シェーレがその発見を発表しないうちに、3年後の1774年、イギリスの化学者ジョゼフ・プリーストリーが先に発表した。そのため、かつてはプリーストリーが酸素の発見者とされていたのだが、その後、シェーレも発見していたことがわかり、現在はそれぞれが独自に発見したとして、２人ともに酸素の発見者とされている。

ヘリウム（He）を吸い込むと声が変わるのは？

ヘリウムは、水素に次いで軽い気体。そのヘリウムは、声の高さを変えることのできる気体として知られている。スプレー缶などに入ったヘリウムを吸うと、自分の声とは思えないほど、甲高い声に変わるのだ。

これは、空気とヘリウムでは、音を伝える速度が違うために起きる現象。音は空気中では１秒間に約３３０メートルの速さで進むが、ヘリウム中では約９７０メートルも進むのだ。そして、速度が速くなるほどに、音（声）の振動数は多くなり、人間の耳には高く聞こえる。そのため、ヘリウムを吸うと、ハイトーンボイスに変わるのである。

金属元素の中で、水銀（Hg）だけが液体なのは？

金属のうち、水銀だけが常温で液体である。なぜだろうか？

これは、水銀の原子同士の結びつきが弱いため。原子同士が結びつくのは、一部の電子を外に出し、他の原子がこれを受け入れて、電子の共有状態をつくるから。水銀の構造は、電子を受け入れにくくなっているため、原子同士の結びつきが弱い。そのため、金属なのに、通常の温度では、結合のゆるい状態である液体となっているのだ。

リチウム(Li)が脚光を浴びるようになったのは?

元素のリチウムが一躍脚光を浴びるようになったのは、携帯電話時代になってからのこと。携帯電話には、リチウムイオン電池が使われているからだ。

リチウムイオン電池がモバイル用の電池に使われる理由は、その軽さにある。リチウムイオン電池は、他の電池に比べて圧倒的に軽いのだ。

リチウムは、水素、ヘリウムに次いで軽い元素。金属としてはもっとも軽く、水に浮くほど(比重0・53)である。そのため、リチウムイオン電池は、ニッケルカドミウム電池、ニッケル水素電池の3分の1ほどの重さしかない。

しかも、電池として高性能で、蓄電できる電気量は大きい。軽くて高性能だから、モバイル機器にはリチウムイオン電池がベストなのである。

アルミニウム（Al）が昔は金よりも高価だったのは？

19世紀半ばまで、アルミニウムは、金よりも高価な金属だった。そのため、フランスでは、国賓をもてなすときには、アルミニウムの食器を使っていたくらいだ。

アルミニウムという元素自体は希少ではないのだが、当時はその化合物からアルミニウムだけをとりだすことがひじょうに難しかった。19世紀半ばまで、アルミニウムを取り出すためにナトリウムを使っていたのだが、そのナトリウム自体が当時は高価だったのだ。

その後、電気技術が発達すると、ホール・エルー法という方法で、電気を利用して金属アルミニウムが得られるようになった。すると、アルミニウムの価値はたちまち下落、汎用性の高い金属として広く用いられることになった。

人類が鉄（Fe）を使い続けてきたのは？

人類が使ってきた金属の95％は鉄であり、現在も〝鉄器文明の時代〟が続いているといってもいい。それほどに鉄が使われてきた理由は、埋蔵量がひじょうに多いうえ、地表近いところにたっぷりあることである。その分、採掘しやすく、コストがかからないのだ。

しかも、鉄は加工しやすいので、炭素を使って強度や性質を自在に変えることができる。鉄とコンビを組む炭素も、地球上にたっぷりあって、安価に調達できる元素なのである。

銅（Cu）がコインによく使われるのは？

銅は10円玉だけでなく、１円玉をのぞく、すべての硬貨に含まれている。５円玉は、銅60％、亜鉛40％の黄銅。50円・１００円・５００円玉は、銅75％、ニッケル25％の白銅である。

硬貨に銅が多用されるのは、銅が他の金属と組み合わせると、強度の高い合金になるから。加えて、安っぽくないわりには、比較的安価に硬貨を鋳造することができるからである。

サビやすい亜鉛（Zn）をなぜメッキに使う？

トタン板は、鉄板に亜鉛でメッキを施したもの。亜鉛単体では鉄以上にサビやすいのに、なぜ亜鉛でメッキをするのだろうか？

金属は、電子を放出してイオン化しやすい金属ほど、酸化しやすく、サビやすい。亜鉛は鉄以上にイオン化しやすいので、トタン板は表面に塗った亜鉛が鉄の前にイオン化する。つまり、亜鉛が先にサビはじめるのだ。

亜鉛が先にサビると、地金である鉄は腐食しない。外側の亜鉛のサビた層によって、内部の鉄は守られ、サビずに強度を保つことができるのだ。

銀(Ag)が食器に使われてきたのは？

銀は、空気中の水分や硫化水素、亜硫酸ガスと反応して、表面に硫化銀ができやすい。手入れを怠ると、銀製品が黒く変色するのはこのためだ。

また、銀が古くから食器として用いられてきたのは、この性質を利用してのことである。中世には、毒物としてヒ素がよく使われたが、当時のヒ素は不純物が多く、硫化物を含んでいた。そのため、ヒ素入りの食べ物や飲み物を銀食器に入れると、銀が黒ずみ、毒が盛られていることが目で見てわかった。つまり、銀食器は、毒殺から身を守るための護身用の道具だったのだ。

鉛(Pb)が古代ローマを滅ぼしたという説があるのは？

古代ローマ人は、鉛の毒性を知らなかったために滅びたという説がある。

まず、古代ローマでは、ワイン用に鉛の鍋を使っていた。防腐剤も冷蔵庫もない時代、ワインはすぐに腐敗し、酸っぱくなった。そこで、ローマ人は、酸っぱくなったワインを鉛の鍋で煮て甘くしていたのである。酢酸と鉛が化合すると、甘味のある酢酸鉛になる。だから、鉛の鍋で煮ると、ワインの甘みが増したというわけである。

また、古代ローマでは、水道管に鉛を使っていた。鉛入りのワインや鉛管を通ってきた水を常飲していたとすれば、体や脳に異常をきたしても不思議ではない。

高価な白金（Pt）が触媒としてよく使われるのは？

白金はひじょうに高価な金属だが、物質の反応を促進させる触媒として、工業用によく使われている。白金は、白金自身は変化しないのだが、他の物質の反応をよくするという性質をもち、他の触媒ではうまくいかない反応でも、よく働くことが多いのだ。

そのため、高価でありながらも、化学反応を進める実験で触媒を探すときには、まず白金が試されることが多いのである。

金（Au）が金色に輝いているのは？

金が古代から珍重されてきた理由は、むろんその輝きにある。それにしても、なぜ金は黄金色に輝くのだろうか？

金属が光るのは、電子殻の外側の自由電子が光を反射するから。金の場合もそのメカニズムが働いているのだが、とりわけ金の場合は、可視光のうち、赤～黄色の光をよく反射する。それらの色が混じり合って人間の目に飛び込んでくると、金色に輝いて見えることになるのだ。

フッ素（F）が虫歯の予防に役立つのは？

フッ素は虫歯予防に使われ、世界には水道水にフッ素化合物を加えている国もある。フッ素が虫歯を予防するのは、虫歯菌の作る酸に対して歯を溶けにくくする効果があるからと考えられている。

歯の表面を覆うエナメル質の96％は、「ハイドロキシアパタイト結晶」で構成されている。それにフッ素が作用すると、酸に強い「フルオロアパタイト」に変わる。この「フルオロアパタイト」には虫歯の初期段階に限り、酸に侵されたエナメル質を補修する効果があるとみられている。

リン（P）が人体から発見されたのは？

リンは唯一、人体から発見された元素。１６６９年、ドイツの商人で錬金術師のヘニング・ブラントは、銀を金に変える薬を作ろうとするうちにリンを発見した。彼は、人間の尿で銀を金に変えることができると信じ、尿を腐らせてから、水分を蒸発させた。すると、「白リン」が分離したのである。

「白リン」は空気中で青白い光を発するので、当時のヨーロッパには、空気中で発光する物体が発見されたというニュースが広まった。ブラントは、その製法を公開することで多額の報酬を受け取り、大金持ちになったと伝えられている。そうして、彼の〝錬金術〟は成功したのだった。

バナジウム（V）が自動車産業を生み出したってホント？

バナジウムは製鋼添加物としての用途が8割以上を占めている。鋼にバナジウムを0・1％程度添加すると、炭素と結合して結晶粒の細かい金属構造ができる。つまり、鋼の強度を増すことができるのだ。

かつて、バナジウムのこの性質に注目したのは、自動車王のヘンリー・フォードだった。1908年、彼が生み出し、自動車産業の基礎を築いた名車、T型フォードには、シャフトからサスペンション、ギア、アクセル、スプリングに至るまで、バナジウム鋼が使われていた。

ヒ素（As）を飲むと、どんな症状が現れる？

ヒ素は洋の東西を問わず、毒薬として用いられてきた物質。14世紀に成立した『水滸伝』には、ヒ素による毒殺とみられる場面が描かれているので、中国では遅くとも14世紀にはヒ素が毒物として使われていたとみられる。日本の『東海道四谷怪談』で、お岩さんに盛られたのも、ヒ素だったとみられる。

毒物として用いられるのは、おもに「亜ヒ酸」で、服毒すると最初に嘔吐、次に下痢の症状が現れ、血圧低下や頭痛などがみられ、多量に摂取すると、急性腎不全などで死に至る。

バリウム（Ba）は劇物なのに、なぜ胃の検査で飲める？

胃の検査では、いわゆるバリウムを飲んでレントゲン撮影する。胃の表面についたバリウムを観察することで、胃の状態を知ることができるのだ。

ただし、バリウムは「毒物及び劇薬取締法」で劇物に指定されている物質。誤飲すると、最悪の場合は死に至ることもある。それなのに、胃の検査で〝バリウム〟を飲めるのは、造影剤に使われているのが、安全な「硫酸バリウム」だから。

それは、バリウム化合物の中で唯一、劇物指定されていない物質だ。胃液や胃酸に溶けることなく、消化管から吸収されないので、安全に飲むことができるのだ。

タリウム（Tl）が暗殺によく使われてきたのは？

タリウムは毒性が強い物質。消化管からだけでなく、気道や皮膚からも吸収され、致死量は体重1キログラム当たり8～12ミリグラム。少量の摂取では、嘔吐や食欲不振、上腹部痛、感覚障害、筋力低下などの症状が現れる。

多量に摂取すると、5日～1週間で髪の毛が束状に脱けはじめ、発熱、ケイレンを起こした後、肺炎、呼吸不全などによって死に至る。タリウムは、臭いや嫌な味がないため、かつては暗殺にもよく利用されていたとみられる。摂取後、すぐに死なないことも、暗殺者にとっては好都合だったようだ。

ポロニウム（Po）は暗殺事件でどう使われた？

ポロニウムの放射線の強さはウランの約330倍とされ、その毒性は元素のなかで1、2を争う。致死量はわずかに7ピコグラム（ピコは1兆分の1）。吸引すると体内被曝の危険が大きいため、きわめて厳重に管理されている物質だが、かつて暗殺に利用されたこともある。

ソ連のＫＧＢ職員だったリトビネンコ氏は、２００６年、イギリスへ亡命中、イタリア人教授と名乗る男性と、ロンドン市内で会食後、体調が悪化、病院へ運び込まれたが、死亡した。

死の翌日、彼の体内からは「ポロニウム２１０」が大量に検出された。イギリス当局は暗殺と断定し、容疑者を特定。ロシア政府に対して、主犯の旧ＫＧＢ職員の引き渡しを求めたが、ロシア政府はこれを拒否し、依然、この事件は全容解明には至っていない。

ネオジム（Nd）が最強磁石に使われるのは？

ネオジムは、１８８５年に発見されたレアアース。その最も重要な用途は、最強級の磁力をもつ永久磁石に使われることである。約70％の鉄に約30％のネオジムを合わせ、少量のホウ素を添加すると、「ネオジム磁石」という磁石ができる。かつて最強とされていたサマリウム・コバルト磁石の1・5倍の強さをもつ磁石だ。

現在、この磁石はさまざまな分野で利用されている。ハードディスクドライブや携帯電話の振動モーターから、音響機器のヘッドホン、自動車のパワーステアリング、などで、現代の生活に欠かせないものばかりである。

ネオンサインにネオンが使われるのは？

ネオンは、空気中にわずかに含まれている無色無臭のガス。両端に電極を設けたガラス管に詰め、放電すると赤く光る。その性質を利用しているのが、ネオンサインである。ただし、ネオンだけだと赤色しか出せないので、他の色はアルゴンや水銀などの添加物を加えて発光させている。

ネオンサインを開発したのは、フランス人技術者のジョルジュ・クロード。ネオンガスを封入した管に放電することで、新たな照明器具を発明したのである。1912年、パリのモンマルトルの理髪店に掲げられたのが、その世界第1号だった。

1920年代になってアメリカに伝わると、ロサンゼルスの自動車販売店が広告塔として設置。すると、赤々と輝くネオンサインにひかれて、来店客が急増。以後、ネオンサインは世界の大都市へ広がっていった。

アルゴン（Ar）って、どういう意味？

アルゴンは、空気中に０・９３％含まれている気体。この元素は何とも反応しないことで知られ、高温でも燃えない。要するに酸化しないので、食品の酸化防止用充塡ガスや溶接時に金属の酸化を防ぐための保護ガスとして用いられている。

アルゴンという名は、その性質を表している。その名は、ギリシア語で「なまけ者」を意味する「アルゴス」や、「不活性」という意味の「アルゴン」から命名されたものだ。

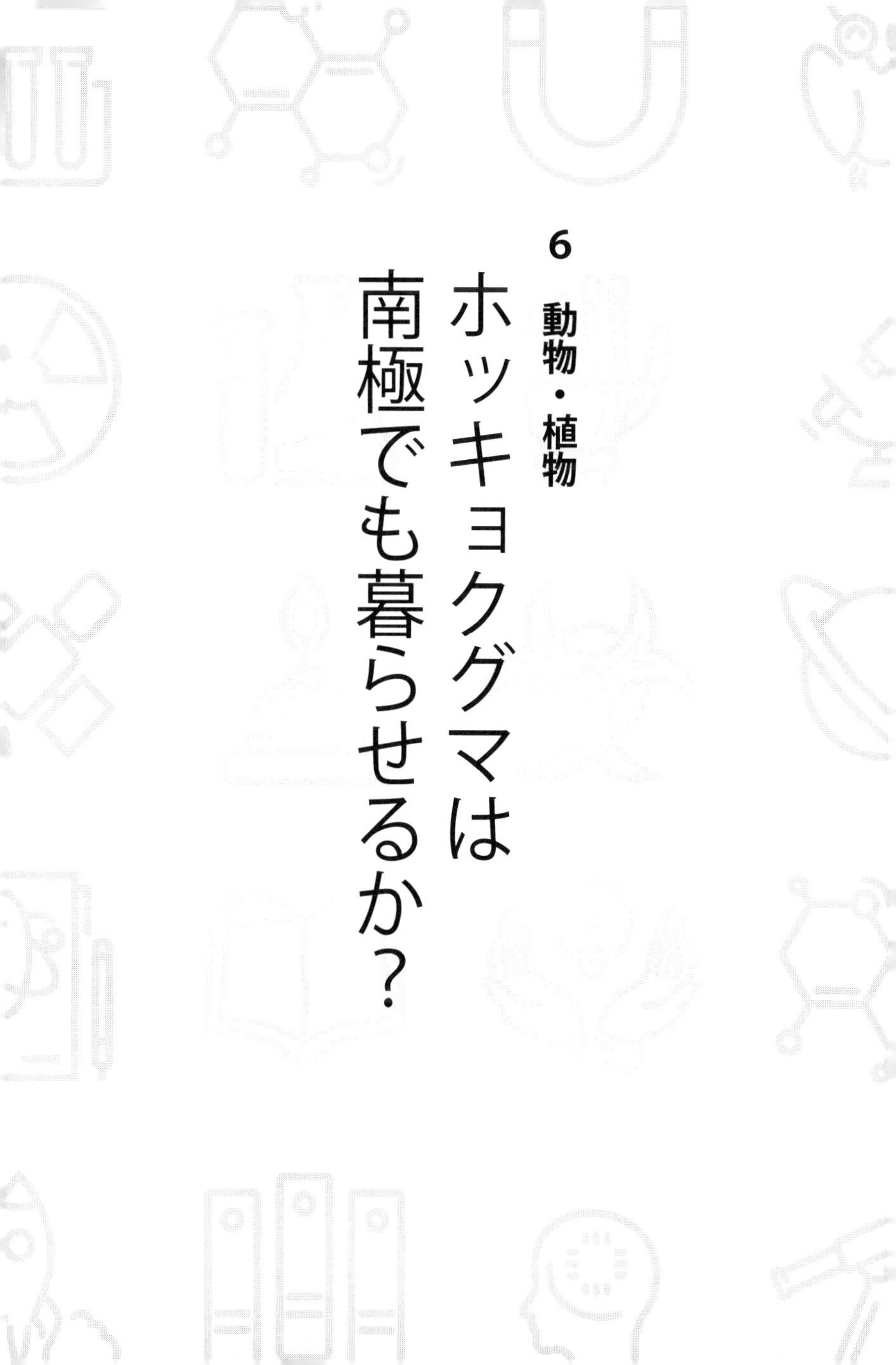

6 動物・植物

ホッキョクグマは南極でも暮らせるか？

冬眠中のクマは大便をどう処理している？

クマは冬眠中、大便や小便をどう処理しているのだろうか？

じつは、クマは冬眠中、オシッコもウンチもしない。冬眠中、クマの体内では毒性の尿素などがクレアチニンという無害の物質に変化している。そのため、排泄をしなくても体調を崩すことはないのだ。

また、動物園で飼われているクマは冬眠しない。クマは、皮下脂肪が一定の厚さ以上にならないと、冬眠をしないが、動物園では食事の量が管理されているので、冬眠スイッチがはいるほどに、脂肪が分厚くならないのだ。

ホッキョクグマは南極でも暮らしていけるか？

ホッキョクグマを南極に連れて行くと、どうなるのだろうか？

専門家に尋ねると、たぶん環境に適応し、生存できるだろうという。たとえば、食料の問題では、ホッキョクグマは、北極でアザラシをエサにしているが、南極にもアザラシがいるし、より捕獲しやすいペンギンも多数生息している。エサに困ることはないとみられる。

コアラはなぜ蚊に刺されない？

コアラが主食とするユーカリの林のそばには、沼があることが多い。そのため、ボウフラが湧き、蚊が大量発生するエリアであることが多い。それでも、コアラは蚊に刺されないという。

その理由は、彼らが主食にしているユーカリにある。ユーカリの葉には、パラ・メンタン3・8ジオールという揮発性の物質が含まれ、その匂いが蚊を遠ざけるのだ。

サルは本当にノミを取り合っているのか？

動物園のサル山では、サルが二匹一組になり、互いの体を指先で探っている姿を見かけるもの。それは、昔から「サルがノミを取り合っている」と見立てられてきたが、本当はノミを取り合っているわけではない。

あの行為は「グルーミング・トーク」と呼ばれ、親密行動の一種といえる。サルは相手の体をさわり、ゴミを取り除いたりすることで、敵対しないことを表したり、相手を交尾に誘ったりしているのだ。

また、その行為には、もうひとつの目的もある。サルは、仲間の体から汗が蒸発した後に残る塩をつまみだして、塩分を補給しているのだ。

スカンクは自分のオナラの臭いにまいらないの？

スカンクのいわゆる〝おなら〟は、本当は気体ではなく、液体。スカンクは、肛門近くに分泌液を噴出する2つの腺を持ち、そこから敵に向かって液体を発射する。液体を噴きかけられた敵は、呼吸ができなくなり、目もかすんでしまう。それくらいの刺激物なのだ。

ところが、スカンク自身は、自分の分泌液の臭いにまいってしまうことはない。スカンクは風向きを計算して、風下に向けて分泌液を発射するからだ。

タヌキは本当に狸寝入りするか？

タヌキは本当に「狸寝入り」することがあるのだろうか？

実際にありうるのだが、それは「寝る」というよりも「失神」してしまうため。たとえば、タヌキは、猟師の放つ銃声を聞いただけで失神してしまうことがある。それで、猟師が近づくと、タヌキは目を覚まし、すたこら逃げていくことがあるのだ。そうした様子が、「狸寝入り」と呼ばれるようになった。

イヌの口のまわりが黒っぽいのは？

イヌの顔は、なぜか口のまわりだけは黒っぽいもの。その理由は、犬の顔は、口のまわりだけ、あまり毛が生えていないことにある。ほかの部分に比べて毛が薄いため、太陽光線（紫外線）の影響を大きく受けて、その部分だけ日に焼けてしまうというわけだ。

しかも、イヌの体は、メラニン色素が人間以上に深く沈着してしまう。要するに、時間がたっても日焼けした色がさめないわけで、紫外線を浴びるたびに、口のまわりがどんどん黒くなっていくというわけだ。

カバはスカスカの歯でうまく噛めるのか?

カバの歯はまばらに生えていて、大きな隙間が多数あいている。隙間だらけの歯で、カバは食物を噛むことができているのだろうか?

カバの歯はたしかにスカスカだか、それは前歯に限ってのこと。カバの歯の数は一見少なそうにみえるが、じつは40本もあり、その大半は奥歯なのだ。しかも、奥歯は大きく頑丈で、カバはその奥歯で主食の草をしっかりすりつぶして食べている。

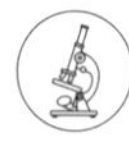

ウマの目があんなに大きいのは?

ウマの目は、陸上に住む動物の中では最大。彼らが大きな目をもつのは、周囲を警戒するためといえる。

野生馬は、大きな目で周囲を見渡して、周辺に敵がいないかをたえず警戒している。その視野は350度もあり、真後ろ以外は見渡すことができるのだ。自然淘汰と生存競争の長い歴史のなか、ウマという動物が絶滅しなかったのは、その大きな目のおかげだったといえるだろう。

ハリネズミは生まれるとき、母体の産道を傷つけない？

ハリネズミもハリモグラも哺乳類であり、母親のお腹から生まれてくる。すると、生み落とされるとき、産道など、母親の体を傷つけることはないのだろうか？

ハリネズミらの赤ん坊の針は、胎内では肌の下に埋もれている。つまり、ハリネズミなどは普通のネズミやモグラのような姿で生まれてくるというわけだ。だから、胎内で動いても、母体を傷つけることはないというわけだ。

腐った肉を食べても、ハイエナがお腹をこわさないのは？

ハイエナは、アフリカのサバンナに暮らし、野生動物の遺骸を主食としている。すると、遺骸を食べて、お腹をこわすことはないのだろうか？

まず、ハイエナが食べるのは、死んだばかりの動物や、ライオンなど猛獣の食べ残し。ハイエナはその嗅覚によって、遺骸や食べ残しのありかを嗅ぎつけ、動物が死ぬと、すぐにやってくるのだ。そして、ハイエナは臭いをかぎ、食べても大丈夫かどうかを判断してから、かぶりついている。

赤ちゃんラクダにも、コブはあるのか？

ラクダの赤ちゃんにコブはない。母親からミルクをもらえる間は、脂肪を蓄える意味がなく、コブを背負う必要もないのだ。

ただし、赤ちゃんラクダの背中には、空の袋がついている。そして、ミルクをもらえなくなると、その袋にじょじょに脂肪が蓄えられ、やがてコブを背負うことになるのだ。

成長したラクダが砂漠を旅できるのも、そのコブに蓄えた脂肪のおかげだが、ではラクダは水分をどこから補給しているのだろうか？　こちらはあまり知られていないが、ラクダは胃を3つ持ち、そのひとつには水分が蓄えられているのだ。

モグラが土の中にいても酸欠にならないのは？

モグラは、土の中で、なぜ酸欠にならないのだろうか？

モグラの行動範囲は、地下とはいえ、地表から数十センチまでのところ。地表近くは土の隙間から多くの空気が入ってくる。また、モグラは体のサイズからすると、肺活量が大きい動物。多少空気が薄いところでも生きていけるのだ。

アリジゴクはアリが取れないとき、どうする？

アリジゴクは、ウスバカゲロウの幼虫。成虫になるまでの2～3年の間、すり鉢状の巣穴にひそんで、巣穴に落ちてくるアリなどをエサにしている。すると、エサがかからないとき、アリジゴクはどうしているのだろうか？

エサがかからなくても、アリジゴクが巣を出て獲物を探し回るようなことはない。それでも、巣に居座り、じっと獲物が落ちてくるのを待ちつづけるのだ。そんなとき、アリジゴクは体内の酸素消費量を減らして、じっと飢えを耐え忍んでいる。

恐竜の標本作りで、骨が足りないときはどうする？

発掘現場で、恐竜の化石が一頭分まるまる見つかることは、まずない。では、恐竜の骨格標本を作るとき、足りない骨をどうしているのだろうか？

足りない骨は、過去の発掘例や近縁種の骨格を参考に推定して、樹脂で補っている。たとえば、トリケラトプスなら、過去に発掘例が多いので、見つかった骨が一部だけでも、足りない部分は人工的に補えば、全体骨格を復元することが可能だ。

一方、発掘例が少ない恐竜の場合は、全体像を把握することができず、全体標本を作れないこともある。

小さな虫が雨粒に弾き飛ばされずに飛べるのは？

ごく小さな虫でも、雨の中を飛ぶことができる。なぜ、雨粒に叩き落とされないのだろうか？　これは、虫が雨粒を感知するセンサーを身につけているからではない。小さな虫が雨粒を避けているように見えるのは、雨粒の圧力波によって、脇へはじかれているだけのことだ。雨粒は落下するさい、下向きに小さな圧力波を発生させる。その影響で、小さな虫は雨の直撃をまぬがれているのだ。

なお、ハエ叩きに小さな穴がたくさんの開いているのは、圧力波の発生をおさえるため。ハエ叩きに穴がなければ、大きな圧力波が生じてハエを吹き飛ばしてしまうので、叩くことができなくなる。

アリはチョークで引いた線を越えられないって本当？

アリの行列のそばに、チョークで太い線を描くと、アリはその線を越えられなくなる。

これは、アリがチョークの主成分である炭酸カルシウムを嫌うためとみられている。

アリは行列をつくっているとき、道しるべ用に「蟻酸」という液体を分泌している。アリは遠くまで出かけても、その蟻酸の匂いをたどって巣まで帰ってこられるのだ。

ところが、蟻酸は酸性なので、アルカリ性の炭酸カルシウムと混じると、中和されて匂いが消えてしまう。すると、アリは道しるべを見失って、巣に帰れなくなってしまうのだ。

そのため、アリは炭酸カルシウムを主成分とするチョークの線に近づくことを本能的に避け、〝一線を越えられなくなる〟というわけだ。

トカゲの尻尾は何度でも再生可能か?

トカゲは、尻尾が切れても血が出ない。これは、尻尾が切れたあと、周辺の筋肉が急激に引き締まるため。それで、体の一部を失っても血を流すことはないのだ。

ご存じのように、その尻尾はしばらくすると再び生えてくる。ただし、トカゲが尻尾が再生できるのは、体が元気なうちだけ。年をとったり、体が弱くなっていると、尻尾は生えてはこない。尻尾がなくなると、異性から相手にされなくなり、交尾さえできなくなることが観察されている。

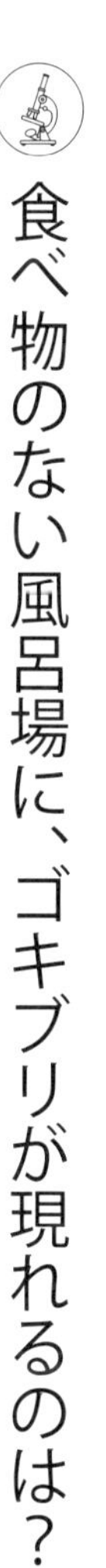

食べ物のない風呂場に、ゴキブリが現れるのは？

ゴキブリは風呂場にも現れるが、浴室にゴキブリのエサになるようなものはないように思える。ゴキブリは風呂場で何をしているのだろうか？

じつは、浴室はゴキブリにとってはエサの宝庫。ゴキブリにしてみると、人間の垢も水垢も石鹸カスもご馳走なのだ。むろん、トイレも同様で、さまざまな汚れを食べるため、ゴキブリはトイレにも出没するのだ。

カタツムリの殻は、どうやって大きくなっていく？

日本には、約８００種類のカタツムリが生息している。その寿命は、1年から4年程度で、成長すると、当然ながら体が大きくなっていくが、そのとき殻が窮屈にならないのだろうか？

その心配はなく、カタツムリの殻は、体が成長するとともに、大きくなっていくのだ。カタツムリの殻はカルシウムの塊であり、人間が成長するにつれて骨が太くなっていくように、カタツムリの殻も大きくなっていくのだ。

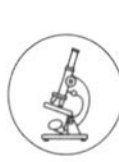

ハエがツルツルのガラスの表面にとまれるのは？

ハエは、窓ガラスの表面のような、すべりやすいところにもとまることができる。それは、足の先端に「褥盤（じょくばん）」と呼ばれる吸盤を備えているため。

褥盤からは粘着液が分泌され、ハエはこの液を接着剤代わりに使って、窓ガラスなどにとまることができるのだ。ハエが天井に逆さまになってとまれるのも、この粘着液のおかげだ。

また、ハエは小林一茶の俳句にもあるように、〝手をすり足をする〟ものだが、それは手足の粘着力が衰えないように、その先端をきれいにしておくためだ。

チョウは本物の花と造花を区別できるか？

チョウは、嗅覚ではなく、視覚によって花を探している。そのため、チョウは、匂いを放たない造花にも近づき、とまることがある。

ただし、チョウはとまった瞬間、それがニセモノであることに気づく。チョウの脚は敏感で、すこし触れただけで、ホンモノの花かどうかを区別できるのだ。

ウグイスは本当に梅にとまるのか？

「梅に鶯（うぐいす）」という言葉があるくらいだが、ウグイスはふだんは竹やぶなどに住み、梅の木にはあまりとまらない。梅の木に集まってくるのは、ウグイスによく似たメジロだ。

メジロは、ウグイスと同じくらいの大きさの鳥で、羽毛はウグイス以上に鶯色をしている。「梅に鶯」という言葉は、梅の木にとまるメジロをウグイスと誤解したところから、生まれた言葉のようだ。

トンビがクルリと輪をかくのは？

トンビが飛んでいる姿を見ていると、トンビがほとんど羽ばたかずに飛んでいることに気づく。羽ばたかずに飛べるのは、トンビが上昇気流をうまく利用して、空中に浮かんでいるからだ。

ただし、上昇気流が生じているエリアは限られているので、まっすぐ飛んでいくと、やがて上昇気流の発生圏内から飛び出してしまう。そこで、トンビは上昇気流の圏内に止まるため、クルリと輪をかくように旋回し続けるのだ。そして、上空から地上のエサに目を光らせている。

ツバメが木の枝にはとまらないのは？

鳥は、木の枝にとまりながら眠っても、木から落ちるようなことはない。それは、木の枝にとまると、足の指が自然に枝を握りしめるような構造になっているからだ。

ところが、ツバメは電線にはとまっているものの、木の枝にとまっている姿を目にすることはまずない。それは、ツバメが鳥の中では珍しく木の枝にとまることを苦手とするからだ。

ツバメは、足の指がひじょうに小さく、電線程度の太さのものまでしか、しっかりとつかめないのだ。そのため、木の周辺に巣を作ることも少なく、人家の軒下などに巣を作り、人間に身近な鳥となってきたのだ。

渡り鳥はどうやって渡る時期を知る？

渡り鳥は、渡る時期が近づいてくると、体重が一気に増えはじめる。長く飛ぶ旅に耐えるため、脂肪を蓄えるのだ。丸々と太った渡り鳥を見かけたら、渡りが近いとみて間違いない。

渡り鳥が、太りはじめるのは、体内のホルモンバランスが変化するため。だから、渡り鳥は、自らの体内のホルモン量の変化によって、渡る時期を知るといっていいだろう。

ダチョウのタマゴは、暑さでいたまないのか？

ダチョウのメスは、交尾後、２日に1個程度のペースで、1ダースほどのタマゴを産むが、そのダチョウの生息地域は、日中の気温が40度を超えるような場所。普通なら、タマゴがいたんでしまうほどの高温地域だ。

そこで、ダチョウのメスは、タマゴを温めるのではなく、体で日陰を作って、むしろタマゴを熱気から守り、温度を下げようとする。そうして、タマゴが暑さでいたむのを防いでいるのだ。

伝書バトが30％も帰ってこなくなっているのは？

伝書バトは、１０００キロ以上離れたところからでも、巣に戻ることができるといわれてきた。ところが近年、伝書バトの帰還率が激減している。たとえば、３００キロのレースでは、現在は３割のハトは帰って来ない。

これをめぐっては、携帯電話の電磁波の影響で、帰巣能力が変調をきたすためという説がある。あるいは、飼育家のレベルが落ちたためともいわれている。

また、タカやハヤブサに襲われる機会が増えたという指摘もある。近年、大型の猛禽類の保護がすすんでいるため、レース中、猛禽類に食べられたり、襲われた結果、パニックになって方向がわからなくなる伝書バトが増えたというわけだ。

コウモリは何のために逆さまにぶら下がっている？

コウモリは、空を飛ぶため、体を限界まで軽量化している。肉と呼べる部分がほとんどないうえ、体と腕の間は膜状、骨の中は空洞になっている。そのため、コウモリは地上に立って自分の体を支えることができないのだ。

そこで、コウモリは飛ばないときは、逆さまにぶら下がるという道を選んだ。あの姿勢は、コウモリにとっては、普通に立つよりも、よほど楽な姿勢というわけだ。

哺乳類のイルカが〝潜水病〟にならないのは？

イルカは、哺乳類の仲間。そのため、イルカは私たち人間と同様、肺呼吸をしている。ところが、イルカは急に海深くまで潜り、急に浮上しても、人間のように潜水病になることはない。なぜだろうか？

これは、イルカが人間とは違って、潜水時に血管中に空気を取りこまないため。いわゆる潜水病は、急激な水圧変化によって、血管中に気泡が生じる現象のことだが、イルカは潜水中、血管に空気を取り込まないので、潜水病とは無縁なのだ。

ペンギンが首を左右に振り続けるのは？

ペンギンは、首を左右に振りつづけることがあるが、その目的は塩分を排出することにある。

ペンギンが主食としているのは、海にすむ魚や甲殻類。加えて、海水を飲むので、どうしても塩分の取りすぎになってしまう。そこで、ペンギンは首を左右に振って、塩類腺と呼ばれる腺を通して塩分を排出しているのだ。

アワビの貝殻に穴が多数開いているのは？

アワビの貝殻には、小さな穴が数多く開いている。あの穴はアワビの〝呼吸器官〟といえ、アワビはあの穴を使って呼吸をしているのだ。

岩壁に張りついて生きているアワビにとっては、〝背中側〟に穴が開いているのは、空気を最もとりこみやすい方法なのだ。

デンキウナギはデンキウナギに感電するか？

アマゾンに住むデンキウナギの放電量は、最大で600ボルト以上になる。デンキウナギは、その電気によって、小魚やカエルなどを感電させて捕食している。ところが、デンキウナギ同士が感電することはない。デンキウナギの体は、自分で発電するぐらいだから、電気に強い構造になっているのだ。

そのデンキウナギは長時間発電することはできない。刺激を与えて発電させると、すぐに疲れ果て、〝停電〟状態に陥ってしまう。だから、アマゾンの先住民たちは、この性質を利用して、デンキウナギを捕まえている。川を小枝で叩き、デンキウナギを興奮させて、発電させ、疲れ果てたところを捕えるのだ。

「弱った金魚は塩水に入れると元気になる」って本当？

弱った金魚は薄い食塩水につけるという治療法がある。そうすると、たしかに一時的に元気になるのだ。

金魚にかぎらず、生物の血液や体液は、海水の成分によく似ている。人間も、手術後や体の弱ったときに、生理食塩水を点滴することがある。金魚もそれと同様に、塩水につけると、一時的には体力を取り戻すのだ。

ただし、本当に病気の場合は、塩水につけたところで、その病気が治るわけではないので、またしばらくすると弱ってしまう。

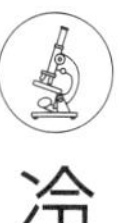

冷たい海に住む魚を暖かい海に放流するとどうなる？

魚は、自力では体温を調節できない変温動物。だから、何かの異変で水温が急激に変化すると、体温も大きく変化するため、体調を崩す魚が増えてくる。体内の代謝が悪くなり、食欲を失い、動きが鈍くなるといった〝症状〟が現れるのだ。だから、南極や北極などの冷たい海にすむ魚を、南国の暖かい海に放流すると、急激な温度変化に対応できずに弱り、やがて死んでしまうことになる。

魚の群れにボスはいるか？

魚が群れをつくるのは、身を守るために、本能的に周辺の仲間と同じ行動をとるうち、しぜんに群れが成立すると考えられている。だから、魚の群れは、哺乳類の群れと違って、ボスはいない。ベテランの魚が、群れを統率するということはないのだ。それでも、魚の群れが統制のとれた動きができるのは、魚がすぐれた感覚器官と反射神経を備えているからといえる。魚は、仲間の動きをするどく感知し、近くを泳ぐ魚との距離を瞬時にはかりながら、泳ぎ続けている。だから、どんなに混雑した群れでも、魚同士がぶつかり合うシーンはまず見かけない。

タコがタコ壺に入りたがるのは？

タコ壺漁では、多数のタコ壺を海中に沈めておき、タコが中に入った頃合いを見計らって、壺を引き上げ、捕まえる。なぜ、タコはタコ壺のような狭いところに、自ら入ってくるのだろうか？

これは、タコが夜行性の生き物であることと関係している。タコは日中、明るい場所にいると落ちつかない。それで、身を隠そうとして壺の中へ入ってくるというわけだ。

ワカサギが氷の下でも生きていけるのは？

真冬の風物詩、ワカサギ釣りでは、釣り人は湖に張った氷に穴をあけ、そこから釣り糸を垂らしてワカサギを釣り上げる。

その時期、他の魚は、湖底でジッとしていて、エサ食いは悪く、ほとんど釣れない。ところが、ワカサギだけはエサ食いが活発で、どんどん釣れるのだ。

これは、ワカサギが寒さに強い魚だから。もともと、ワカサギはベーリング海や北海道周辺の冷たい海の〝出身〟で、それが湖に閉じ込められた魚なのだ。だから、氷の下でも活発に動けるというわけだ。

また、氷の下の水は、氷ほどには冷たくない。水温が摂氏4度以下になると、水面と水中との対流が起きなくなり、水面だけが冷え、凍りつく。そして表面の氷がどんなに厚くなっても、水中は4度以上はあり、ワカサギはその温度であれば、元気に生きていけるというわけだ。

アユが日本の川にだけ多いのは？

アユは、外国の川にはほとんどいない。その理由は、アユが好むような河川環境は、ほぼ日本にしかないからである。

アユは、川で生まれて海で育つ魚であり、海で成長した後、再び川に戻ってくる。だから、海と川を行き来できるエリアでなければ、アユは暮らせない。

また、アユは川では川底につく珪藻という藻をエサにしている。この珪藻がつくのは急流の川底であり、またその生長には一定以上の水温が必要だ。急流であり、しかもある程度水温が高いという条件を備えた川は、日本以外にはほとんど見当たらないのだ。

植物はなぜ〝立って〟いられる？

植物がずっと〝立って〟いられる秘密は、その細胞壁にある。

植物の細胞は、動物とは違って、固い細胞壁に覆われている。しかも、細胞内には水分が詰まっていて、内から細胞壁を支える構造になっている。

細胞壁に外から圧力がかかったときには、細胞内の水分が圧力を押し返す働きをするのだ。

植物は、そんな構造の細胞壁の集合体であり、大木は細胞壁を無数に積み上げることによって、何十年も何百年もの間、大地にすっくと立っていられるのだ。

最も種類が多いのは何科の植物？

地球上には約30万種の植物が存在するが、そのうち約2万5000種はラン科の植物。地球上の植物種の一割弱はラン科というわけだ。

ランの種類が多いのは、北極、南極周辺を除いて、地球上のほとんどの地域に分布しているから。とりわけ、熱帯地方では多種多様なランの仲間が繁栄している。ランは、地域の環境に合わせて進化する能力が高いため、どんどん変化しながら、種類を増やしてきたのだ。

植物はなぜ緑色をしている？

植物の大半は、緑色をしている。その、そもそもの理由は、水中植物の藻類のうち、緑藻類が上陸を果たしたから。藻類には、ほかに紅藻類、褐藻類があるが、たまたま浅い海にいた緑藻類が上陸し、地上で繁栄することになったのだった。

緑藻類も、もとは海の深いところにいたのだが、深海では光合成をうまくできなくなり、太陽光線の届きやすい海の浅いところに進出した。やがて、緑藻類は陸に上がり、その子孫が陸上で繁栄する。緑藻類の緑色は、陸上の子孫にも受け継がれ、森や山を緑に染めることになったのだ。

針葉樹の先がとがった形をしているのは？

スギやモミの木などの針葉樹は、木の先端がとがった形をしている。具体的には、一本の枝が天に向かって垂直に伸びて、木の頂に2本以上の枝が共存することはないのだ。

これは、頂に伸びた1本の枝が、他の枝の生長を許さないから。てっぺんの枝は特殊なホルモンを発して、他の枝が垂直に伸びることを阻害するのだ。そのため、他の枝は、斜め方向に伸びざるをえなくなる。

こうしたメカニズムが働くため、針葉樹の多くは鋭角な三角形のシルエットを描くことになるというわけ。

色とりどりの花が咲くのは？

花の色は、花びらに含まれている色素によって決まるが、その色素はじつは２系統しかない。ひとつは、アントシアンという赤や青、紫などの色素で、もうひとつは、カロチロイドという黄やオレンジ色などの色素である。

それなのに、いろいろな色の花が咲くのは、土壌との関係で、色素の性格が微妙に変化するため。たとえば、同じアントシアンを含んでいても、アントシアンは酸性土壌では赤くなり、アルカリ性や中性では青や紫になる。さらに、土壌の酸性度やアルカリ性度の強弱によって、赤や青の中間色も出るので、花の色は変化に富むことになる。

熱帯の植物に赤い花が多いのは？

熱帯植物には、赤い花をつけるものが多い。それは、虫には、赤があまり人気のないことが関係している。つまり、熱帯の赤い花を咲かせる植物は、虫に花粉を運んでもらおうとはしていないのである。

では、何に期待しているかというと、鳥である。多くの虫は赤色を識別できないが、鳥類は赤を識別でき、しかも好む。小さな昆虫に花粉を運んでもらうよりも、より大きな鳥類に運んでもらうほうが、受精の可能性は高くなるので、熱帯の植物は赤い花を咲かせ、鳥をひきつけるという繁殖戦略をとっているのだ。

高山植物が寒さに耐えられるのは?

温暖な地域の植物は、氷点下の気温が続くと、細胞内の水分が凍ってしまい、やがては〝凍死〟することになる。ところが、高山植物は、氷点下が続く標高の高いエリアでも生きていくことができる。

高山植物が〝凍死〟しないのは、細胞内の塩類を多くすることによって、水分が凍りにくいよう防御しているから。

また、高山植物には、茎や葉が毛で覆われているものもある。いわば、毛皮のコートを着こんで寒さを防いでいるというわけだ。

葉の表側が裏側よりも濃い緑色をしているのは？

植物の葉は、同じ1枚の葉でも表と裏では色が異なり、おおむね表のほうが色が濃く、裏側は薄いグリーンをしているもの。なぜだろうか？

葉が緑色に見えるのは、「葉緑素」という緑色の色素を含んでいるためだが、葉の表と裏では葉緑素の含有量が異なる。そのため、色が違ってくるのだ。

詳しくいうと、葉の表側には「柵状組織」と呼ばれる細胞が規則正しく並び、葉緑素がたっぷり含まれている。一方、裏側は「海綿状組織」と呼ばれる海綿のようなスカスカの細胞が不規則に並んでいて葉緑素の含有量は少ない。そのため、葉は表側は色が濃く、裏側は色が薄くなるというわけだ。

植物はどうやって近親婚を回避している？

植物も動物同様、〝近親婚〟を避けている。そうならないようなシステムを備えているのだ。

植物が花を咲かせると、虫や鳥、風などによって花粉が雌しべの柱頭に運ばれ、受粉に至る。もっとも受粉しやすいのは、同一の花の中にある雄しべと雌しべだが、それでは人間でいう近親婚になってしまう。そこで、多くの植物は自家受粉を避け、他家受粉を行うためのメカニズムを備えている。

たとえば、花粉をより遠くに飛ばし、違う株の花の雌しべに付着しやすくするようなシステムだ。あるいは、同じの花の中で受粉が起きても受精には至らない植物もあるし、同一の花の中では雄しべと雌しべの生長期がずれている植物もある。

「草いきれ」の臭いって何？

草むらに近づくと、青ぐさい臭いが鼻をつくことがある。いわゆる「草いきれ」だ。あの臭いは何の臭いなのだろうか？

草いきれは、植物が自己防衛のために発する臭気といえる。臭いの主成分は、不飽和脂肪酸のαリノレン酸とリノール酸。双方とも植物がつくる不飽和脂肪酸で、春から夏にかけて気温が高くなると、多量につくられるようになる。その臭いには殺菌力があり、植物はその臭いによって害虫から身を守っているのだ。

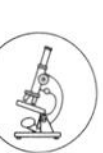

樹木も〝体調〟が悪くなると熱が出るか？

樹木も人間と同様、〝体調〟が悪くなると熱を出すことがある。これは本当の話で、東京都林業試験場の赤外線画像装置を使った調査によっても明らかになっている。都内のスギ林のうち、虫食いにあったり、先枯れしていたところは温度が高くなっていることがわかったのだ。

樹木は光合成をするために、多量の酵素を必要とするが、酵素はたんぱく質の一種であり、熱に弱い。そこで、樹木は水蒸気を発散して、その蒸発熱によって、葉などの温度を下げている。

ところが、虫に食われるなどのストレスがかかると、その調節がうまくいかなくなり、その部分の〝体温〟が上がっていくというわけだ。

マツヤニは何のために出る？

マツが樹皮からマツヤニを出すのは、害虫をはじめとする天敵対策のため。マツは分厚い樹皮をもち、それによって幹を守っているが、樹皮が破れると、そこから害虫が入ってきやすくなる。また、水分も蒸発しやすくなり、枯死の原因になる。そこで、マツは樹皮が損傷を受けたとき、ヤニを出して〝補修〟しているのだ。

ヤニは、ふだんは幹の細胞内に溜められていて、樹皮が傷つくと、すぐに分泌しはじめる。マツヤニには微生物を殺す働きもあり、その駆除にも役立っている。また、マツヤニは粘り気が強いため、その粘り気にからめとられて、死んでいく虫もいる。

盆栽の松が鉢の中で生きつづけられるのは？

松は大きく育つ木だが、なぜ盆栽としては、鉢の中におさまっていられるのだろうか？

それは、さまざまな工夫が施されているから、としかいいようがない。まず、盆栽の土には養分が多く、通気性のよいものが用いられている。加えて、適切な量の肥料が与えられている。

また、十分な通気性を保つため、何年かに一度は、土が取り替えられている。その取り替えのさい、根の養生が行われる。弱っている根を切り取り、新しい根が出やすい状態にするのだ。そうした懇切な手当てによって、松は鉢植えの中でも生き続けることができるのだ。

サクラの木にアリがよく登るのは？

サクラの木には、花の咲く季節以外も、アリがよく登っているもの。花がなくても、アリが登り続けるのは、葉の蜜に誘われてのこと。サクラの葉の付け根の葉柄には、丸い粒のような蜜腺があり、そこから蜜が分泌されているのだ。

サクラが蜜腺を持つのは、ケムシ対策のため。サクラにはケムシがつきやすく、無防備なままだと、ケムシに葉を食べられ、弱ってしまう。そこで、季節を問わず、葉から蜜を出して、〝ボディガード役〟にアリを招き寄せているのだ。ケムシはアリを苦手とし、アリが葉の周辺にいると、近寄れなくなるのだ。

スギの林が台風に弱いのは？

日本の山にスギ林が多いのは、1960年代に大量に植えられたから。しかし、その後、国外から安い輸入材木が入ってくるようになると、しだいに放置されるようになった。

間伐などの手入れが行き届いていないスギ林は、スギ同士が密集しすぎて、根の広がりが悪くなっている。踏ん張る力に乏しいため、強い風に直撃されると、すぐに倒れてしまうのだ。

そもそも、スギのような幹が細長く、枝の張り方が少ない木は、風に弱い。人工林の場合、密集しすぎているため、なおのこと強風への抵抗力が乏しくなっているのだ。

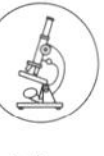

海岸にはクロマツが植えられるのは？

海岸線に防風林や砂防林として植えられているマツの大半は、クロマツ。天の橋立や三保の松原などのマツも、クロマツである。

クロマツが海岸部に向いているのは、湿気と潮風にも強いから。もともとクロマツは、中部地方よりも南の海岸部に自生していた種類で、湿気や潮風に対する適応力を持っている。しかも、強風にさらされても、枝が折れにくい。

また、クロマツは、高さは40メートルにも達することがあり、防風林として十分に大きく育つ。そうした強さと大きさによって、日本中の海岸に植えられるようになったのだ。

サツキが険しい崖に好んで咲くのは？

野生のサツキは、渓流の岸壁などの崖地に育つ植物。栄養分の乏しい岩場の隙間に根を張り、花を咲かせる。

サツキがそんな過酷ともいえる場所に自生するのは、日光を独占するため。太陽光をたっぷりと浴びるためには、渓谷の斜面は最高の場所といえる。他に、岩場に自生する樹木はそうはないので、日光をさえぎるものはない。

サツキはそういう生存戦略から、岩場を生息地に選んだのだ。そういう厳しい場所でも生きられる生命力の強さが注目されて、サツキは園芸用にも利用されることになり、ファミレスの植採などに多用されることになった。

マメの木がやせ地に強いのは?

マメ科の植物は、やせた土地でもよく育つ。ハギやクズ、シロツメクサ、レンゲソウなどである。なぜ、マメ科は生命力が強いのだろうか?

大半の植物は、硝酸やアンモニアといった窒素化合物を土壌から吸収することで、必要な窒素を摂取している。ところが、マメ科の植物は、土からだけではなく、空気中の窒素を取り込むこともできるのだ。

ただし、空気中の窒素を捕まえているのは、マメ科の植物自身ではなく、植物の根にすみついた根粒菌というバクテリア。根粒菌は、豆類の根の中にあって、空気中の窒素をつかまえ、植物に供給している。

チューリップが昼頃に咲くのは？

チューリップの花は、昼間大きく開き、夕方になるとしぼんでしまう。これは、チューリップが温度変化に敏感で、花を開いたり、閉じたりするタイプの花だからである。

昼近くになって気温が上昇すると、チューリップの花びらの付け根部分では、内側の細胞の成長速度が外側の細胞よりも速くなる。すると、花弁は内側から外側に押される形になり、花びらが開く。一方、夕方になって気温が下がりはじめると、細胞が縮み、花びらは閉じていく。

マングローブが海の中でも成長できるのは？

マングローブは、海水をかぶるような環境でも育つ植物の総称。日本でも、沖縄や小笠原諸島では、マングローブ林を見ることができる。なぜ、マングローブは、海水に浸かっても、枯れたり、根腐れを起こしたりしないのだろうか？

マングローブは、塩分をとりのぞくための2つの機能を備えている。ひとつは、根で塩水から塩分を漉しとって、真水を吸収するという仕組み。もうひとつは、根からは塩水を吸い上げるのだが、葉にある「塩類腺」という器官で塩分を外に出す仕組みだ。

どちらの機能をもつか、あるいはどの程度の塩分濃度に耐えられるかは、植物の種類によって異なっている。

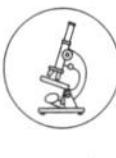

バナナはどうして茶色くなる？

黄色いバナナを食べないまま放っておくと、やがて全体的に茶色くなってしまう。なぜ、バナナは茶色く変色するのだろうか？

これは、エチレンガスの働きで成熟が進みすぎてしまうため。エチレンには、でんぷんを糖にかえて、果肉を柔らかくする働きがあり、輸入物の青いバナナなどは、成熟を早めるため、エチレンガスを人工的に注入し、黄色く色づいたところで流通させている。

ところが、バナナには、もともとエチレンガスを作り出す力があり、熟してからもさらにエチレンガスを作り出すため、やがて成熟を通りこして傷みはじめ、茶色くブヨブヨになってしまうというわけだ。

モミジとカエデはどう違う？

一般に「モミジ」と呼ばれている植物は、カエデ科カエデ属の樹木のこと。そのなかにはイロハモミジ、ヤマモミジ、ハウチワカエデのように、○○モミジと○○カエデが混在している。要するに、モミジとカエデは同じものなのである。

なお、「カエデ」という名は、葉の形が蛙の手に似ていることに由来し、「蛙手（かえるで）」がなまったもの。

ドングリの表面がつるつるしている目的は？

ドングリは、カシやクヌギ、ナラの木などの木の実の総称。その表面は、なぜつるつるしているのだろうか？

それは、鳥にやすやすと食べられないようにするため。鳥のとがったクチバシは、果物をむしり取ったり、ミミズなどの昆虫をつかむのには便利でも、ドングリのような丸くつるつるしたものをつかむのには向いていない。クチバシではさめたとしても、ツルンと滑ってしまい、うまく食べられない。

また、歯で噛んでもうまく噛み砕けないので、丸飲みにすることになり、胃腸で消化されないまま、便として排出されることになる。

ネギに〝坊主〟ができるのは？

ネギの茎の先端には、たまねぎのような形をしたネギ坊主ができる。じつは、あれがネギの花だ。

まだ若いネギ坊主は、薄い膜の袋に包まれているが、やがてその袋が破けると、白緑色のごく小さな花が集まって咲いているのが見えてくる。

編者紹介

おもしろサイエンス学会
「科学の目」を通して世の中を見ることをモットーに、取材・執筆活動を展開しているライター集団。宇宙・生物・気象・地学から最新テクノロジーまで、理系分野の専門的な内容を整理し、わかりやすくナビゲートすることで定評がある。本書では、子どもにウケる、雑談がハズむ理系の話を厳選。身近な科学がスミからスミまでわかる２００項目を取りそろえた。「理系の話」はちょっと苦手で……という人にこそ読んでほしい本。

ここが一番おもしろい理系の話

2018年３月15日　第１刷

編　　者　おもしろサイエンス学会

発 行 者　小 澤 源 太 郎

責任編集　株式会社プライム涌光
電話　編集部　03(3203)2850

発 行 所　株式会社青春出版社

東京都新宿区若松町12番1号〒162-0056
振替番号　00190-7-98602
電話　営業部　03(3207)1916

印刷・大日本印刷　　製本・ナショナル製本

万一、落丁、乱丁がありました節は、お取りかえします

ISBN978-4-413-11253-6 C0040

青春出版社のベストセラー

頭が突然鋭くなるクイズ

知的生活追跡班[編]

Q 3分の砂時計と5分の砂時計で、
4分を計るにはどうすればいい?

ISBN978-4-413-11153-9
本体1000円+税

頭の回転が200%アップするクイズ

知的生活追跡班[編]

Q 次の文字を組み合わせて、
四字熟語を作ってください。
心 心 寸 立 一 十 日 田

ISBN978-4-413-11223-9
本体1000円+税